Ergötzliche Briefe des Dessauer Malers
Carl Marx an Wolfgang Hütt

Literarische Reihe des Verlages Janos Stekovics
Herausgegeben von Roland Rittig

Ergötzliche Briefe des Dessauer Malers Carl Marx an Wolfgang Hütt

Mit einem Geleitwort
von Wolfgang Thöner

Eingeleitet und kommentiert
von
Wolfgang Hütt

edition STEKO

Dem Land Sachsen-Anhalt,
Regierungspräsidium Halle,
ist für Förderung zu danken.

Inhalt

Wolfgang Thöner,
Stiftung Bauhaus Dessau

Briefe eines Unangepassten

Die hier vorliegende Sammlung von Briefen des Dessauer Malers Carl Marx umfasst die Zeit von 1970 bis 1991, bezieht sich aber mit all ihren Inhalten und Querverweisen auf das gesamte Leben des eigenbrötlerischen wie lebenshungrig-liebenswürdigen ehemaligen Bauhaus-Studierenden. Der Empfänger der Briefe des vorliegenden Bandes ist einer der profiliertesten Kenner der DDR-Kunstentwicklung und einer der wenigen, zu denen Carl Marx ein stabiles Vertrauensverhältnis aufbaute. An ihn, den Hallenser Kunsthistoriker Wolfgang Hütt, sind sie auch alle gerichtet, die Briefe, die uns heute einen besonderen Blick auf das Leben eines unangepassten Künstlers und damit auf ein Stück Kunstgeschichte und auch Bauhaus-Rezeption in der DDR ermöglichen. Die Kunst von Carl Marx – besonders was die gemalten „Öler", wie er sich ausdrückte, betrifft – ist zutiefst von seiner spezifischen Situation eines selbstgewählten „Gegenlebens" in Dessau geprägt: Abgesehen von wenigen „Exkursionen" nach Berlin oder Leipzig fand er seinen „Modellmarkt" aus selbstverständlicher Teilnahme am Freizeitleben in Dessau und Umgebung, vorzugsweise im Sommer, seiner Lieblingsjahreszeit, die er an Strandbädern wie der „Adria" bei Dessau verbrachte. Hier war er seiner Vorstellung eines besseren Lebens nahe, eines Lebens sinnenfreudiger und freundlicher wie unverkrampfter menschlicher Beziehungen, jenseits der Vorstellungen so mancher ihm verhasster engstirniger Ideologen und Bürokraten des „real existierenden Sozialismus". Und es hatte in seinem Leben einen weiteren besonderen Ort eines solchen Lebens gegeben: Seine Zeit am Bauhaus in Dessau und Berlin, wo er von 1932 bis 1933 studierte. Doch auch dort war Marx schon ein besonderer Student, weshalb das Wort „Bauhäusler" wohl auch in Anführungszeichen steht. Die Atmosphäre von Offenheit und Kreativität war ihm auch in seinen Erinnerungen an das Bauhaus immer wichtiger als eine direkte Bezugnahme auf künstlerische Methoden eines seiner Lehrer, zu denen auch kein geringerer als Wassily Kandinsky gehörte.

Das Bauhaus als seine ihn prägende Stätte wurde erst in den 70er Jahren wieder ein Ort für Carl Marx, als man sich dort mit der Geschichte der Schule zu beschäftigen begann, Ausstellungen organisierte, eine Bauhaus-Sammlung aufbaute und als dort wieder Gestalter verschiedener Disziplinen zusammenkamen. Zweimal stellte Carl Marx, der 1976 aktiv an der Restaurierung des Bauhausgebäudes mitgewirkt hatte, dort seine Bilder aus. Die Retrospektive zu seinem 75. Geburtstag 1986 war die bisher größte Ausstellung seiner Kunst. Viele seiner studentischen Arbeiten, aber auch Zeichnungen und Gemälde aus späteren Schaffensperioden befinden sich an der jetzigen Stiftung Bauhaus Dessau. Dies war Grund genug für Wolfgang Hütt, die Originale der hier veröffentlichten Briefe nebst einem Tagebuch aus den späten 40er Jahren der Sammlung der Stiftung Bauhaus Dessau zu übereignen. Carl Marx, der immer regen Anteil an der Arbeit im Bauhaus Dessau nahm, dabei auch mit z.T. heftigster Kritik an bestimmten Projekten nicht zurückhielt – auch das kann man in diesem Band nachlesen –, war es leider nicht vergönnt, die sich erst allmählich nach der von ihm zwiespältig aufgenommen, ja als enttäuschend erlebten Wiedervereinigung Deutschlands sich entwickelnde neue Arbeit der Stiftung Bauhaus Dessau mitzuerleben. Aufgrund der leider ungeklärten Erbschaftsangelegenheiten kam es bislang zu keiner neuen Marx-Ausstellung, auch die Aufarbeitung seines Werkes ist blockiert. Und nicht zuletzt fehlt der kritische Kommentar von Carl Marx, der die von ihm sicher mit größtem Interesse aufgenommenen Zusammenarbeit junger Gestalter aus vielen Ländern der Erde hier am auch für seine

Jugend so entscheidenden Ort Bauhaus Dessau begleitet hätte. So bleibt nur Wolfgang Hütt zu danken und dem Büchlein eine weite Verbreitung und Resonanz zu wünschen, die vielleicht dazu beitragen kann, die Blockierung großer Teile des Marxschen Œuvres zu lösen.

Lebenslauf

Es begann in Berlin …
Mein Vater war Müller bei Alex + Sohn
Großmühle Warschauerbrücke …
Meine Mutter war aus Danzig ihrer bigott-religiösen Mama entflohen …
Und band Blumen in Berlin …
Sonntags gingen beide zur Hasenheide tanzen …

In Berlin wurde ich gezeugt …
Jedoch in Bitterfeld geboren …
Großvater brauchte uns wohl auf seiner Klitsche …
Er ging trotzdem Pleite und mein Vater wurde Weizenmüller in der Wassermühle in Dessau …

Schulbesuch mäßig … nur die Schaukästen auf dem Klassenflur waren voll von Marx-Produktionen …
1926–29 Lehre als Dek. Maler bei einem harten Allround-Meister …
Schleiflack-Technik, – Vergoldungen – Holzmasern „wie echt".
Glastransparente …
Vor allem jedoch Stubenmalen mit 10 Farben-Rosenfries oder Kneipenküchen weißen …
Dazu reichlich Kopfnüsse wenn's nicht flutschte …
1929–30 Wanderschaft Deutschland kreuz u. quer …
Österreich – Schweiz.
Es brachte Menschenkenntnis und Robustheit …
Das karge Existenzminimum blieb für immer Standard und ermöglichte in bissigen Zeiten die Unabhängigkeit …!

Arbeitslos …
Und dann die große Chance …
1932–33 Bauhaus Dessau-Berlin …
Hier ging mir ein Licht auf …

In jeder Beziehung …

Nach 1933 arbeitslos. Baumaler, zwangsverpflichtet zum Westwallbau …
1941 verwundet – 43 arbeitsverwendungsfähig entlassen …
Werkstattschreiber …

1945 ging erneut nicht nur ein Licht auch das Herz auf …
Doch bald schoben dogmatische Eiferer dunkle Wolken in die Kunstlandschaft …
Scharfe Schüsse gegen gute Bilder …
Mosaiksäulen. Dek. Glasbilder für Bar und Café brachten Existenz …
So ging es viele Jahre „bis lobesam Herr von Ribbek auf Ribbek zum sterben kam" …
Ein unbeirrbarer Optimismus ließ mich über diese Zeit recht gute Bilder malen und auf Stapel legen …
Die dann Auftakt für größere Ausstellungen bildeten …
Sehen Sie selbst …
Die Produktion läuft unbeirrt …

C. M.

Wolfgang Hütt

Die zärtliche Liebeserklärung des Malers aus Dessau an die Welt unserer Sinne

Es ist eine eigenartige, wie märchenhaft verklärte, oft nur in der Fantasie so vorstellbare oder mit einem ironischen Lächeln betrachtete Welt, die der Dessauer Maler Carl Marx in seinen Bildern gestaltete; die Welt der Artisten, der Spaßmacher, der Schönheit von Mädchen und jungen Frauen, sogar von der Realität gespeiste Weltraumutopien. Das alles sah und malte er mit der Unbefangenheit dessen, der sich einfacher Dinge erfreute, der noch das Erschauern wie vor Wundern kannte, wenn ihn im Alltag die Farbigkeit des Lebens berührte. Es ist darum viel Heiterkeit in der Kunst dieses Malers, und vielleicht auch ein wenig Traurigkeit über das Vergängliche des Schönen. Die Heiterkeit steckt in den Gegenständen und in der Art, wie sie gesehen sind, sie drückt sich aus in den Farben, sie ist in der Form enthalten.

Den Gemälden, und fast mehr noch den Zeichnungen, ist anzusehen, daß ihr Entstehen den Maler ergötzte. Sie sind Ergebnisse freudig getaner Arbeit, Ausgeburten einer fast spielerisch anmutenden Fantasie, und eben auch der Freude am Fantasieren und Spielen.

Dennoch hat es der Maler sich und seiner Kunst nicht leicht gemacht. Bei aller für ihn damit verbundenen Freude nahm er das mühelos Scheinende bitter ernst. Er hat geübt und verworfen, experimentiert und gefeilt, bis seinen Werken die Spuren der Arbeit nicht mehr anzusehen waren. Der Maler mußte Unverständnis und ungerechte Kritik hinnehmen. Ihm wurde vorgeworfen, seine Kunst entwickele sich abseits vom realen Leben. Aber die Späße, die Marx malte, waren ihm kein Selbstzweck. Die Artisten und Zirkusleute in seinen Bildern sind auch nicht Abseitige des Lebens, an denen sich, wie in der Kunst zwischen 1919 und 1933, die Vereinsamung von Künstlern im 20. Jahrhundert ausdrückte, ihre unbürgerliche

Existenz. Diese Bilder sind ein sehr persönliches Zeugnis seiner Übereinstimmung mit dem Leben, sind ein „Dennoch" zu allem Widersprüchlichen, das der Ausgewogenheit menschlichen Daseins entgegensteht. Des Malers farbige Fantasien folgten auch nicht einer lediglich dekorativen Absicht. Vielmehr sind in seinen Bildern Dekoratives und Farbiges Träger des Heiteren und Schönen, von dem sie Kunde geben. Das Augenzwinkern, das fast immer mit im Spiele ist, das ironische Glossieren, geistvoll im Erfassen des Gesehenen und Erlebten, ist in der deutschen Kunst seit jeher selten gewesen. Carl Marx kultivierte es.

Mit seinen Bildern verfremdete Marx das Reale. Er dichtete das Wirkliche ins Märchenhafte um, ließ hierdurch, stets in der Eingrenzung auf seine nicht weit gezogene und dennoch universelle Thematik, Alltägliches in neuem Licht erscheinen. Das zu erreichen war ein Ergebnis engster Verflechtung des inhaltlichen Anliegens mit einer bis zum artistischen Raffinement sich hinsteigernden Form. Die in der frühen Schaffensphase von ihm erarbeiteten Pastelltöne und das ins malerisch Lineare transportierte Zeichnerische sind durch unablässiges Experimentieren mit Farbklängen auf neue Stufen malerischer Verdichtung gehoben worden. Dabei gewannen entweder tonige oder vielfarbige Untermalungen an Bedeutung. Das anfänglich Mattfarbene steigerte sich zu größter Leuchtkraft von Farben. Zugleich aber hat Marx, ähnlich den französischen Fauvisten und den frühen deutschen Expressionisten, den malerischen Auflösungserscheinungen des Impressionismus eine feste Bildform entgegengesetzt. Das am Bauhaus in Dessau erworbene Konstruktive der Gestaltungsabsicht wirkte bis ins Alterswerk nach.

Eros war für diesen Maler das unausschöpfliche Hauptthema. Marx sah in dem Liebesgott ein positives Urprinzip der Menschheit verkörpert, ihre Möglichkeit, dem Chaos zu entgehen, den Tod zu überwinden. Nicht von ungefähr belebt das Werk dieses Malers der zündende Funke Freude.

Georg Maurer, ein Poet, nannte die Kunst Max Schwimmers, seines malenden Zeitgenossen in Leipzig, eine zärtliche Liebeserklärung an die Welt unserer Sinne. Dieser schöne Ausspruch läßt sich uneingeschränkt auf das Werk von Carl Marx übertragen.

Seinen ersten Besuch bei Max Schwimmer trug Marx am 12. Juli 1946 ins Tagebuch ein. Dabei hatte er das Empfinden, einem Menschen begegnet zu sein, der mit Worten nur ungenügend in der Lage war zu sagen, „was er möchte, was in ihm alles sitzt." Und er stellte dann fest: „Wie schön, daß dies alles aber aus seinen Bildern spricht. Reine Menschlichkeit spricht aus allem, was unter seinen Händen entstanden ist." Carl Marx begeisterte sich, darin ganz er selbst: „Und zu diesem Könner diese reizende Frau." In Schwimmers Bildern entdeckte der Dessauer Maler, wonach er, bis zu dieser Begegnung, vergeblich gesucht hatte. Für ihn war das Besondere an ihnen, daß sie einen „unendlichen Raum" lassen „für die Fantasie des Betrachters." Sie erschienen ihm getragen wie von einem „Jungmädchenhauch" (Tagebuch, 9.10.1946).

Bis ins hohe Alter hinein war Carl Marx, diesem Hagestolz, das Feminine ein die eigene Jugendlichkeit dehnender Anreiz zum malerischen Gestalten. In dem einzigen von Marx geführten Tagebuch, das mit einer ersten Eintragung am Neujahrstag 1946 beginnt, im Dezember 1948 endet, mit Nachträgen 1951 und 1955, sind in stolzer Zahl mehr oder weniger flüchtige Liebschaften beschrieben. Den damals in der Mitte des Lebens Stehenden machte das Haar eines blonden Mädchens mit nazarenischem Profil begehrlich. Er malte danach ein „Mädchenbildnis mit roter Kappe", setzte hinter die Eintragung hiervon ins Tagebuch den Namen jener Freundin, von der er sich wiederholt trennte und zu der er sich dann stets zurücksehnte. Der Fünfunddreißigjährige bekannte: „Die Furcht vor dem Alleinsein beherrscht alle meine Handlungen." Einsamer als sich selbst aber nannte er einen seiner Freunde, weil „es ihm an loser Gesellschaft fehlt", am Umgang mit dem anderen Geschlecht. Der häufige Partnerwechsel verdeckte sehr offensichtlich das unbefriedigte Verlangen nach einer Liebesbeziehung, die fähig war, die von Carl Marx als bedrückend empfundene Einsamkeit zu beenden. Weil dieses Verlangen unbefriedigt blieb, er es außerdem seiner Kunst opferte, ist es zur Haupttriebkraft seines Schaffens als Maler geworden.

Das Jahrzehnt nach 1945 resümierte der Maler am 8. Mai 1955 mit einer letzten Eintragung in sein Tagebuch ziemlich resigniert: „So geht also mein Leben. Es schwingt hoch und runter, und lange danach erst spürt man, das Reif auf einen gefallen ist und eine ganze Periode Wachstum zerstört hat. Ein Baum blüht dann im nächsten Frühjahr unbeschadet in voller Kraft. Uns Menschen scheint das nicht immer so schnell wieder zu glücken."

In seinem 1987 für den Katalog einer Ausstellung in der Leipziger Galerie am Sachsenplatz geschriebenen biografischen Bericht deutete Marx einige Schwingungen seines Lebens an. „In Berlin wurde ich gezeugt .... Jedoch in Bitterfeld geboren." Er nennt Daten, spricht Einsichten aus. „1929 und 1930 Wanderschaft Österreich, Schweiz und Deutschland kreuz und quer. Es brachte Menschenkenntnis und Robustheit. Das karge Existenzminimum blieb für immer Standard und ermöglichte in bissigen Zeiten Unabhängigkeit ...! Arbeitslos ... Und dann die große Chance ... 1932–33 Bauhaus Dessau-Berlin ..." Auch die Nazis konnten das Licht, das ihm dort aufging, nicht sogleich ausblasen. Wenig später folgt der lapidare Satz: „1945 ging erneut nicht nur das Licht auch das Herz auf ..."

An dieser Stelle hilft das von Marx geführte Tagebuch[1] weiter. Am 2. Februar 1947: „Erster Versuch der Ölmalerei mit primitiven Mitteln." Es war Nachkriegszeit. Malerfarben gehörten zu den teuer gehandelten Seltenheiten. Am 5. April 1947, es war ein Ostersonnabend, sah Marx in aller

Deutlichkeit sein anvisiertes Ziel: „Die Arbeit bringt mich Schritt für Schritt näher zu der langsam und mühsam erkämpften Erkenntnis: Bilder malen mit innerem Wert, rund und voll wie eine kleine Stube voller Wärme, oder weit und klar voller Wahrheit wie der Horizont. Das sind Ahnungen erst, Vorstellungen sozusagen, hinter den Augen noch verborgen." Dazu suchte er Einsichten, wo eben er sie zu finden vermochte. Im Juli ließ er sich vom Erlebnis der Ausstellung „Französische Bildhauer von Rodin bis Maillol" überwältigen. Rodin zwang ihm Achtung ab, Maillol schien ihm näher zu sein. „Maillol weiß um das rechte Wesen der Frau." In Berlin-Zehlendorf sah er Gemälde des als Lehrer an der Kunstschule in der halleschen Burg Giebichenstein tätigen Carl Crodel. Sie ließen ihn kalt. Crodels „Weinranken- und Strohblumenbilder", so nannte er sie, waren nichts für ihn, trotz aller auch darin erkannten Fantasie. Bei einem nächsten Besuch in Zehlendorf (Tagebuch 26.11.1946) betrachtete er Gemälde von Feininger, Pechstein und Marc, fühlte er sich besonders von Nolde beeindruckt. „Da glühen Violett, Erdgrün, dunkles Rot und dunkles Blau auf." In der Berliner Volksbühne sah er Gorkis Schauspiel „Nachtasyl", mit Aribert Wäscher in einer der Hauptrollen. Das Theatererlebnis erschütterte ihn, „weil trotz überlebten Zeitkolorits ewig gültige Menschheitsträume, Sehnsüchte und Forderungen ausgedrückt und ausgesprochen werden. Wie nichtssagend dagegen Hauptmanns ´Ratten´!" Nach einer Aufführung von Brechts „Kreidekreis" rühmte er den Versuch, in sprachlicher Schönheit wahrhaft Menschliches zu behandeln, ein glückliches Ende des Bühnenstückes zu wagen (Tagebuch, 2.2.1947) Und er konstatierte: „Liebe zum Menschen, Liebe zur Wahrheit, Dinge, die in Deutschland neu gesät werden müssen."

Lange gehegte künstlerische Wünsche und Hoffnungen schienen sich zu erfüllen. Im November 1947 fuhr Carl Marx nach Halle an der Saale, besuchte den in der Landesregierung für die bildende Kunst zuständigen Referenten Werner

Mayer-Günther. „Er hatte mir Ölfarben zukommen lassen. Ein beruhigendes Gefühl, daß an maßgebender Stelle Leute von hohem Format sitzen, klug und voller Menschenkenntnis *(...)* Mit Bildhauer Horn und Maler Völker beim Ministerialdirektor Halle über Änderungen in der Beurteilung und Anerkennung von Künstlern diskutiert und wohl auch überzeugt. Alle diese Genannten fanden meine Arbeiten gut und die Frühjahrsausstellung in Halle steht mir offen. Ebenfalls haben wir in der Gewerkschaft die Initiative ergriffen und unsere Sparte mit Schmidt-Uphoff besetzt. Ich bin als Vertreter gewählt. Gleichlaufend wurde der Schutzverband ins Leben gerufen." Es wird in dieser summierenden Eintragung vom 2. Januar 1948 außerdem über eine Zusammenkunft mit dem Dresdner Maler Helmut Schmidt-Kirstein berichtet, einem Bruder von Schmidt-Uphoff. Schmidt-Kirsteins Kunst regte Marx zur Lockerung des Bildaufbaus an. Mit einem in der lapidaren Sprache gebremsten Stolz nimmt am 7. Juni 1948 sein Tagebuch die Mitteilung auf, daß in der großen Kunstausstellung in Halle vier Arbeiten von ihm hingen, eine sogar im Katalog abgebildet wurde. „Mit Schmidt-Uphoff zur Eröffnungsfeier gefahren. Mayer-Günther hat mir aus dem Herzen gesprochen, da er, klar, die Stellung der Bevölkerung zur modernen Kunst anspricht."

Denn schon beginnt das Wetterleuchten. Mayer-Günthers Rede war bereits eine Reaktion auf kulturpolitische Maßnahmen, die in dem berüchtigten Orlow-Artikel[2] gipfelten, den im Januar 1951 die Berliner Zeitung der Sowjetischen-Militär-Administration „Tägliche Rundschau" veröffentlichte. Mit ihm begann, zunächst vor allem auf die bildende Kunst bezogen, die Diffamierungskampagne gegen sogenannte Formalisten. „Scharfe Schüsse gegen gute Bilder", schrieb dazu Carl Marx in seinem Lebensbericht. Dogmatische Eiferer schoben „dunkle Wolken in die Kunstlandschaft." Da ging die Zeit für einen der klassischen Moderne verpflichteten Maler wie Mayer-Günther auf Regierungssesseln zu Ende. Carl Marx bekam das zu spüren. „Finanziell ist Tiefpunkt, nicht besonders erhebend für die Stimmung, obwohl die Kastanien in Blüte sind." Es gilt: „Das karge Existenzminimum" bleibt Standard und ermöglicht „in bissigen Zeiten die Unabhängigkeit."

1946, am Neujahrstag, so vertraute er sich dem Tagebuch an, hatte Carl Marx ein einiges Europa auf sozialistischer Grundlage erhofft. Die „marxistisch ausgerichtete Arbeiterschaft" sollte den Menschen in allen Ländern das Glücksgefühl geben, „für eine Welt zu arbeiten, in der Achtung und Liebe zur Kreatur das erste Gebot ist." Wenige Wochen später, am 10. Februar – er hatte an einer Funktionärssitzung seiner Partei, der sozialdemokratischen, teilgenommen – fragte er: „Ist es so schwer, den Schritt zur Einigkeit nicht mit ehrlichem Herzen zu wünschen?" Es waren da Genossen gewesen, die hatten vor einem Zusammengehen mit den Kommunisten gewarnt. Zwölf Monate später, am 6. Januar 1947, teilte auch Carl Marx ihre Bedenken. „Mir schwant nicht Erfreuliches in Bezug zur SED. Vor allem das Mittelmäßige. Der revolutionäre Kleinbürger maßt sich Fähigkeiten an und dirigiert ohne Gefühl, sogar ohne Verstand." Im Jahre 1948 befand der Maler, daß jetzt „primitive und bedrängte Zeitgenossen" Geschichte machten. „Kleine Spießbürger maßen sich an, Kunstschaffende ´nach neuen Gesichtspunkten auszurichten´. Die sozialistische Bewegung ist erstarrt in doktrinäre, engstirnige ´Richtlinien´ und wandelt auf schmalstem Pfad zur Partei des ´neuen Typus´.[3] Es scheint mir unfaßbar, plötzlich unüberbrückbaren Gegensätzen gegenüberzustehen und jeder Möglichkeit beraubt zu sein, mitzuarbeiten. Der Spitzenfunktionär hat Bourgeoiswünsche. Das Groß der Bevölkerung aber drückt, mitsamt den Flüchtlingskindern, sich die Nasen an den Schaufensterscheiben der HO-Läden[4] breit. Sozialismus neuen Typus."

Weil er sie für das Leben selbst erstrebte, suchte Carl Marx auch in seiner Kunst die Schönheit des Lebens. Nur war er zu keinem Verschönen bereit. Man schimpfte ihn deshalb einen Formalisten, in einem seinerzeit maßgeblichen Buch, sogar ehrenhaft zusammen mit Hans Theo Richter.[5] Das war in den fünfziger Jahren und noch bis zum Anfang des folgenden Jahrzehnts gleichbedeutend mit der Bezichtigung, ein Feind des arbeitenden Volkes, ein „Imperialistenknecht" zu sein. Das alles geschah dem Manne, der das Arbeitsbuch der Nationalsozialisten[6] zurückgewiesen hatte, weil darauf ein Hakenkreuz eingeprägt war, der jetzt Temperazeichnungen zum Antifaschistenroman „Das siebte Kreuz" von Anna Seghers schuf. In einem später geschriebenen Brief (20. März 1990) erinnerte sich Marx: „Sie sind expressiv in der Wirkung, weil ich sie sozusagen mit der Farbtube ´hingeschrieben´ habe. Kein Pinsel, nur leicht gedrückt, mit der Farbe fabuliert", und er berichtete: „Greife jetzt mal wieder zu dieser ´impulsiven Festschreibung´ einer Figur innerhalb eines soweit fertigen Bildes." Doch eben das Expressive dieser Zeichnungen sahen Kulturfunktionäre der SED als formalistisch an. „Scharfe Schüsse gegen gute Bilder." 1958 erregte das Gemälde „Katzentheater" ihren Zorn. Sie rühmten zwar gern Lessings „Ringparabel", übersahen aber geflissentlich die von eben diesem vielseitigen Aufklärer humanistisch genutzten Möglichkeiten der Tierfabel. Sogar die DEFA-Wochenschau nahm sich des von Carl Marx gemalten „Katzentheaters" an, ließ die gemalten Hätscheltiere auf der Kinoleinwand derart kreisen, daß den Zuschauern hiervon schwindlig werden sollte, und der Kommentator meinte, so sei die gesamte im Winter 1957/58 in der halleschen Moritzburg gezeigte Ausstellung der Werke Hallescher und Magdeburger Künstler[7] ein „Katzentheater". Dreißig Jahre später, Carl Marx berichtete davon am 11. Januar 1988 in einem Brief, erschien vor seinem Dessauer Haus und für ihn unerwartet ein DEFA-Team. Es wollte Maler vorstellen, die in der DDR zur Zeit der Formalismushysterie in Verruf gebracht worden waren, ein zaghafter Versuch, die eigene Geschichte aufzuarbeiten. „Ist ein Ding, was ..." empörte sich Marx. „Jetzt will man ausplätten. Es kann amüsant werden."

Grundsätzlich aber hatte sich wenig geändert. Im Herbst 1987 (Brief vom 18. September) frohlockte der Maler, er sei nach Brüssel zu einer Bauhaus-Ausstellung eingeladen. Aus diesem Grunde hatte ihn ein Kunsthistoriker aus Frankfurt a. M. aufgesucht, „kam gerade mit dem Wagen aus Brüssel ... ja, als wäre das nur so um die Ecke ..." Das Verwundern eines DDR-Bürgers darüber! Marx war echauffiert: „An sich eine aufregende Perspektive, mit der man gut über den Winter kommen kann, wo man topfit dann sich im April in die Heiterkeit der französisch sprechenden Metropole Bruxelles stürzen könnte, hellwach mit Auge und Nase schnüffeln, flämische und wallonische Umwelt aufnehmen....? Das kann ein produktiver Winter werden, bin jetzt schon in Fahrt ..." Und das Zurückschrecken! Marx kannte ja die Pappenheimer in Berlin, Halle und Dessau. „Radio möchte Einzelinterviews aufzeichnen ... oh, la la (für mich kritisch!)" Schönreden gab es für diesen Maler nicht. Dann, am 3. August 1988: „Ja, ich hatte doch die Einladung nach Brüssel *(...)* voller Schwung ins Paß-Amt Halle, ja, ich möchte einen Paß nach Belgien, 14 Tage, zu einer Bauhaus-Ausstellung ...! Die Dame wurde bitter um den Mund *(...)* Nein, nichts. Da hat wieder was bei mir ausgehakt *(...)* Aus, abgestrichen, und seitdem fiel alles Reden *(und)* Schreiben flach. Sonst war alles in Ordnung, ich war produktiv wie in besten Zeiten, habe organisiert, geplant wie nie, doch das *(Wort)* ´Brüssel´ durfte nicht auftauchen. Auf einmal war mein Humor wieder da, und ich habe ein Bild gemalt: ´CM in Brüssel´. Der Marktplatz. Im goldenen Kontur die Architektur. Pferd mit Reiter auf der Giebelspitze. Vorn CM *(...)* Brustbild, roter Hut, dunkelblaue Viereckbrille, daneben eine Marx'sche Attraktive. Daneben eine Harpyie, nervös, stakelig, daneben, Handstand machend, braune Gestalt *(...)* Ich habe es auf ein farbstarkes altes Bild *(...)* gemalt, umgedreht. Klasse *(...)* Auch Männeken piss ist da. Seitdem ist mir wohler.

Habe es vor kurzem gerahmt. War also geistig da, kenne jetzt jede Ecke ...!"

Marx war inzwischen als Maler anerkannt. Er hatte mit seinen fantasievollen, leuchtend farbigen Bildern mehrere Personalausstellungen gefüllt, war zu Ausstellungsbeteiligungen aufgefordert, in einem jenseits der DDR-Grenzen erschienenen Buch als „Chagall der DDR" gerühmt.[8] Er sollte in Ludwigshafen ausstellen, einer Partnerstadt Dessaus. Am 23. August 1989 teilte er in einem Brief mit: „ *(...)* alles war auf Ludwigshafen 1990 eingestellt *(...)* Vor 10 Tagen kam der stellvertr. Oberbürgermeister *(...)* mit Stadtrat *(...)*, drucksten rum, und dann ... Ja, wir werden 1990 zuerst aus der Georgium-Galerie dort eine Partner-Ausstellung machen ... Ein Katalog braucht sowieso ca. 1 1/2 Jahre! *(...)* Nun habe ich daraufhin 1991 eine eigene Konzeption!! Zum 80. Geburtstag mit Bauhaus festgelegt: Eine Super-Schau (wie zum 75.), danach Verkaufsausstellung bei Schulz *(...)* Werde auf Ludwigshafen nicht mehr tippen. Ich weiß nicht, beim Besuch des OB schien mir eine Reihe kleiner Bilder kleine Schocks auszulösen...! Man will jedenfalls erstmal eine ´solide´ Ausstellung anbieten."

Das Ende der DDR ließ sich nicht erahnen, trotz ihrer spürbaren Krise.

In Berlin und Leipzig informierte sich Marx über das Kunstgeschehen in dem eingemauerten Lande, nur über dessen Grenzen kam er nicht hinaus. Die Nachfrage nach seinen Bildern nahm zu. Das machte ihn stolz auf den Erfolg. „Fürs Jahr jedenfalls ausgebucht", jubelte er am 12. Februar 1987. „Doch es tut mir gut und auch den Bildern. Sie werden runtergeschrieben wie ein Erlebnis vom Tage vorher, keine Tüftelei, frisch und frech *(...)* Weil *(...)* im Mai das Atelier fast leer ist *(...)* müssen neue, kesse dastehen *(...)* wie Kumpane, die gute Laune machen." Am 18. September schrieb Marx: „Halbfertige Malplatten stehen genug da, *(...)* 2 mal zu dem Musical ´Cats´, eine neue ´Judith und Holofernes´, heutige

Sicht. Und wieder seltsam: Hatte aus Dänemark eine Farbpostkarte erhalten, wo ein großer Fischkutter, gestrandet *(...)* liegt, grün mit schwarzem Kielanstrich *(...)* Auch von Segelregatten tragische Geschichten gelesen ... und das Wort 'Windsbraut'...! Habe nun das Bild dastehen, ein unbarmherzig orangener Frauenakt liegt über der See, ein Arm hat Verbindung mit den Wellen, unten zerschellen Schiffe und Segel." Auf ähnliche Weise, durch Mitteilungen oder durch Nachrichten in Zeitungen, sind viele seiner Gemälde angeregt worden. Er schnitt die Zeitungsnachrichten aus, die ihn zum Malen brachten, klebte sie auf die Rückseite der Malplatten. Die Gemälde auf deren Vorderseite sind zur Anschauung gebrachte Carl Marx'sche Kommentare.

Bis ins letzte Lebensjahr hinein blieb die Produktivität des Malers erstaunlich. Noch am 9. Februar 1990 konnte er stolz von sich schreiben: „Meine Gesundheit ist bestens, geradezu aggressiv. Und Sie wissen ja, dann fliegen die Fetzen." In seiner letzten Schaffensphase war er, angeregt durch die Beschäftigung mit der Kunst El Lissitzkys, zu einem kompositionellen Bauen mit fast monochrom wirkenden, aber intensiv farblich durchmodulierten Flächen gelangt. Trotz aller Experimentierfreudigkeit blieb er beim gemalten Bild für die Wand. 1987 (Brief vom 27. Juli) beschrieb Marx den Besuch eines westdeutschen Malers in seinem Atelier. „Also. Malerei vorbei. Alles schon dagewesen. Was sollen Titel für ein Bild? *(...)* Ich sagte ihm: Was sind Sie für ein Pessimist! Solange früh die Sonne aufgeht, solange werden auch Bilder gemalt werden..."

Bis zuletzt waren es die kleinen Dinge des Lebens, die Carl Marx begeisterten, und das wohl im ursprünglichsten Sinne des Wortes. Ihn inspirierte der bloße Blick in den Garten hinter dem vom Vater ererbten Haus. „Die Zeit, die läuft, alles ist grün, die Blüte fast durch. Ich sehe gerade mit Vergnügen einer Elster zu. Hinten im Garten ist eine Riesenbirke. Und auf dem höchsten Ausläufer wiegt sie sich und wippt mit dem Schwanz und wenn sie krächzt, verbeugt sie sich ... So was Vitales, souverän Freches ... So muß man auch sein!" (Brief vom 27. April 1989) So muß man auch sein! Schwingt da nicht etwas vom Wissen um die eigene Verletzbarkeit mit?

Carl Marx konnte grantig sein bis zur Kauzigkeit, war andererseits auch von charmantester Höflichkeit erfüllt. Wen er schätzte, dem war er freundlich wie ein Freund. Als er durch zunehmende Einnahmen aus Bildverkäufen hätte wohlhabend sein können, hielt er sich weiter an ein Existenzminimum, wahrte sich hierdurch, wie in allen Jahren zuvor, seine geistige Freiheit. Was für ihn zuviel des Nötigen war, überwies er auf Spendenkonten, spendete es für Altenheime oder für andere soziale Zwecke.[9] Wohlleben war das Letzte, das er suchte, also blieben ihm Empfinden und Denken frisch. Wo ihm Greisenhaftes hätte anstehen können, bewahrte er sich das Verständnis für die Jungen. Diese Eigenart bestimmte alle seine Reaktionen auf Ereignisse und Nachrichten, auf den Fall der „Mauer" und auf die Zeit danach. Am 26. März 1990 schloß er seinen Brief mit einer Wendung, die Zeugnis ablegte für seine stets wach gebliebene Besorgtheit. Noch ahnte er nicht, daß es für ihn der letzte Frühling war, den er beobachtete. Dachte er an das folgende Jahr und den ihm bevorstehenden 80. Geburtstag, sah er die geplante Ausstellung im Dessauer Bauhaus vor sich, für die er unermüdlich malte. Draußen, im Garten, sah er es noch einmal grünen, blühen und stürmen, und er schrieb: „Welche Großartigkeit die Natur uns bietet, und wie wir fiesen Menschen sie behandeln. „

Als Mensch wie als Künstler gehörte dieser Maler aus Dessau zu den gleichbleibend Unangepaßten. Sein Widerstreiten gegen die Kulturbürokratie in der DDR war unerbittlich. Er war und blieb ein demokratischer Sozialist. Den Einbruch des Kapitalismus in ein Land, das er trotz aller darin erlittenen Unbill als seines empfand, begleitete er mit

Verbitterung. An seinen Mitbürgern beklagte er den Verlust ihrer Würde: „die verkaufen unser Land" (so im Brief vom 27.12.1990). Zugleich aber erkannte er fast seherisch: „es wird lange DDR bleiben!"

Carl Marx starb einsam, wahrscheinlich am 10. März 1991. Niemand vermag Tag und Stunde genau zu sagen. Die Ausstellung, für die er bis zuletzt noch gemalt hatte, und die ihm nunmehr zum Gedenken hätte stattfinden können, scheiterte am Einspruch von Erben. Ganz zuletzt hatte ihn ein Satz des Rabbi Nathan ben Jechiel betroffen gemacht, war ihm mitteilenswert gewesen:

„Wir aber
sind gleich den versunkenen Schiffen
in den Meeren
und über unsere Köpfe hinweg
ziehen die Schiffe der anderen."

Die Briefe

(wie Musik der Nacht) 68 x 86 Bild:
„Familie Simoneit am Sonntagmorgen“
„bald beendet, ganz schön frech“

Doch dies ist auch sicher fotogen
wird dann auch repro.

Vielleicht ist dann doch eine
Umsetzung drin.
(für mich ist gerade jetzt eine
schwarz-weiss Sicht wichtig).
Ja, die „2 Zeichnungen „Beat-fans“ mit Lampe
wie wär es als Aufhänger vorn?

Ende der Woche werde ich die
Bilder bei der „Camera“ wohl
anmelden können.
(Also dies ist, wie die anderen
„mein Spass“.)

So, nun sehen wir weiter ...

freundliche Grüße
[illegible]
[illegible]
[illegible] Betrachtung.

12. 11. 70
An die Staatliche Galerie Moritzburg.

Lieber Herr Dr. Hütt!

Herzlichen Dank für Ihr Schreiben! Ja, man müßte sich eigentlich so sehr freuen, doch der bittere Geschmack ist vorläufig noch da.
Man traut dem Laden noch nicht ganz. Willi Sitte hat als VBK[10] Vorsitz*(ender)* mir sehr freundlich die Sensation nahe gebracht. Jetzt am 10. 11. Wurde in der VBK Sitzung noch einmal erklärt: Nichts, gar nichts gegen meine Bilder, nur ein kleiner Schockversuch, für die Galerie gedacht.[11] Jetzt alles wieder in Ordnung! Na, denn ...
Nun hatte ich ja im Sept. in meinem Protestschreiben dem Rat des Bezirks und dem VBK erklärt: Nur wenn in der geplanten Form (Ausstg. August) die neue Ausstellung durchgeführt wird, stelle ich Bilder zur Verfügung. *(...)* Dieselben Bilder wie im Katalog (auch Anzahl), Katalog mit Repros (Klischees sind fertig), Plakat kann umgestempelt werden. Bei einem neuen Plakat vorher Durchsprache!
Und nun! ... Unsere Vereinbarung betr. Kostenübernahme möchte ich unbedingt bestehen lassen! Katalog u. Plakat! Also Übertrag bei Verkauf von Bildern. Ist kein Verkauf, Abtragung über mein Konto.
Ich möchte den Staatsapparat nicht damit belasten.
In jedem Falle jedoch einen Katalog haben!
Alle diese Punkte müssen Sie dem Beirat oder Rat des Bezirkes unterbreiten und am besten schriftlich bestätigen lassen. Sonst kann es schnell wieder Ärger geben.
Stimmt man den Punkten zu, gebe ich gern mein Einverständnis!!
Ausstellung „Geschichte der halleschen Kunst"[12] Was hatten wir da nur außerhalb unseres Kataloges? Nun, Sie haben es ja da. Dazu auch mein Einverständnis.

So, nun wollen wir mal sehen. (Ohne Tricks und doppeltem Boden?)
Herzlichst
Ihr C. Marx

GRATULATION
Sehr verehrter Herr Dr. Hütt!
Also da bin ich ja platt! Auch so ein LÖWE-MANN im Sternenbild. Die ja sooo noble Eigenschaften haben sollen.
Dies kann man für 50Pfennige auf jedem Rummelplatz bestätigt bekommen.
Ja, und nun Ihr Vorschlag.
Sie versuchen, die Scharte auszuwetzen.[13]
Doch es wären da Bedenken.
Es fehlt der Gegenpol. Da hebt einer des anderen Schau auf.
Nein, Albert E*(bert)* soll seine Ausstellung allein haben. War so geplant und er soll seine wunderschönen Dinge uns endlich mal geschlossen vorführen.
Das wird ein Fest!
Na, ... und jetzt kommt's! Ich habe meinen Entschluß gefaßt.
Wie sollte es bei mir anders kommen! Für 1970 und 1971 (erstmal!) wird der Bezirk Halle kein Bild von mir zu sehen bekommen! Da die Bilder so schön beisammen sind, werde ich versuchen in einem anderen Bezirk eine Ausstellung zu machen.
Ja, anders ist für mich die Scharte nicht auszuwetzen.
Und nun alles Gute
Herzlich C. Marx

2. 1. 71

Sehr geehrter Herr Dr. Hütt!
Für einen Neujahrsbeginn könnte keine bessere Nachricht möglich sein.[14]
Herzlichen Dank dafür!
Also sehen wir optimistisch hinein ins 1971 ...
Wie die beiden Grazien, denen so ein bis'chen kalter Wind nichts ausmacht!
Ja, am 7. 1. will ein kleiner Omnibus voller Kollegen bei mir Station machen und *(sie wollen)* ... wählen.
Nun, Herr Dr. Hütt, wünsche ich Ihnen ein ´normales´, ein erfolgreiches Jahr. Dies auch der Galerie. C. Marx

30. 5. 71

Lieber Herr Dr. Hütt!
Wahrlich ... Sie sind nun also wieder mal dabei Unbequemes zu kreiren. Diesmal im Damenclub[15] „Bild. Kunst". Na, ich sehe schon den Rotstift zittern!
Ja, sowohl Manuskript als auch Bildauswahl haben meine volle Zustimmung.[16] Nur schade, daß das Foto „Lateinamerikanischer Bilderb*(ogen)* etwas flach ist. Die reinen Farben nebeneinander heben sich im Schwarz-Weiß auf, der Stier hat ja nun eine penetrante Visage erhalten (bleckende Zähne). Auch Ordenssterne sind dero mehr geworden. *(...)*
Die Ausstellung bleibt ja weiterhin spannend.[17] „Eine Personalausstellung in der Zeitspanne des VIII. Parteitages trägt nicht. Es wird eine Ausstellung mit einer Vielzahl an Künstlern stattfinden", meint der neue Direktor. Außerdem würde im Aug. – September erst *(...)* mit dem Katalog zu rechnen sein. Na, da wollen wir weiter hoffen! Das Vorwort wird nicht gedruckt ...[18]
Oh, dies ist für uns, und nicht nur für uns beide, eine große Enttäuschung!!! Meine Produktion hat wieder die alte Frechheit erlangt. Und Sie sind wieder frei wie ein Vogel?
Vorläufig herzlichen Dank, Ihr C. Marx

15. 3. 74

Lieber Herr Dr. Hütt!
Nun kann ich endlich mal wieder ein Lebenszeichen geben. Ihre Anschrift war weg. In meinem Kramladen. Telefon ist nicht. Nach Halle bin ich auch nicht gekommen. UND NUN … brauche ich das Couvert mit Steuererklärungsbelegen. Was ist wohl versorgt mit drin? Ihre Anschrift! Ach ja, ich bin zwar immer noch nicht auf dem Posten, jedoch die „Produktion" läuft dafür recht gut. Wenn Ihr Weg nach Dessau führt, ein Besuch würde mich freuen!
Herzlich Ihr C. Marx

14. 6. 74

Lieber Dr. Hütt!

(Am frühen Morgen Theorie und Praxis)

Beim Interpretieren (oder Betrachten) unserer Umwelt begegnen wir plausiblen Erscheinungsformen, denen wir uns selbst nicht entziehen können.
So gibt also z. B. jeder Betrieb Prämien für Verbesserungsvorschläge.
Großartig!
ALSO … Übernehmen wir dies für unseren Geschäftsbereich!
KONKRET: Sie haben zu dem Bild „DAS PAAR" einen entscheidenden Vorschlag gebracht.[19]
Jetzt kann das Bild ein gutes Bild werden!
Deshalb eine kleine Prämie[20] (wird das Bild verkauft, gibt es eine neue Prämie).
Mit Modellen – die nichts davon wußten – habe ich es ähnlich gehandhabt, wenn ich's gebrauchen konnte. Sie waren erstaunt, aber haben sich dann gefreut!!
Man soll eben nichts ausbeuten

Ja, nächste Woche muß ich nach Leipzig. Da werde ich die Situation Park *(und)* Hochhaus betrachten.[21] Da werden dann brauchbare Details auftauchen. Das Bild steht der Wand zu und wird erst nach der Leipzig-Fahrt betrachtet. Und dann geht's darüber her. Jedenfalls: Ihr Besuch hat mich wieder in Bewegung gesetzt! Nun recht schöne Grüße Ihrer lieben Frau und Ihnen!
Herzlich C. Marx

22. 7. 74

Lieber Herr Dr. Hütt!
Gestern habe ich mir das „Weltall-Taxi Himmelhund" Bild nochmal angesehen.[22] *(...)* Es trifft sich wohl gut, wenn der Verlag keinen Fotomann zur Hand hat *(...)* und wir dieses Bild lieber auslassen! Es ist noch zu frisch. Keine Ausstellung, keine Kritik. Nicht ausgegoren, auch der Schuß „frivol" *(...)* Weil es ja ein Kinderbuch ist. Und wohl alles seriöse Bilddarstellungen sind. Das sind dann Angriffspunkte und schon haben Sie wieder Ärger! Und auch der Verlag.
Also lassen wir es wohl.
Und weil wir einmal beim „WÄGEN" sind.
Betr.: Henschelverlag. Eventuelle Kunstbuchausgabe. Seien Sie auch dort mit dem „Marx" vorsichtig!
Der Verlag ist konservativ, *(...)* sind sicherlich noch dieselben Leute da, die vor Jahren Rudolf Korn: „Kandinsky und die Theorie der abstrakten Malerei"[23] herausbrachten. 1960. Und wo ich auch ein's verpaßt bekam: Da ist so was unangenehm! Man müßte sich ja widerlegen! Wer tut das gern.
Also seien Sie klug. Ich kann gern noch ein paar Jährchen malen. Dann ist die Auswahl dichter.
Sie brauchen nicht extra zu antworten.
In Freundschaft Ihr C. Marx

Übrigens: „Bild „Das Paar". Ich war vor Wochen in Leipzig. Habe das Hochhaus umgangen und fand die Situation *(...)*, also der Park links mit Einsicht zur Uni. Alles ist nun echt, der Block mit neuer Sicht. Bäume, Anlagen. Es hat sehr gewonnen! Viel Grün.

11. 10. 74

Lieber Kollege Dr. W. Hütt!
Herzlichen Dank für Ihren so interessanten Brief. Nun weiß ich, daß nicht nur ich „geschockt" wurde *(zur)* Eröffnung einer Kunstausstellung in einem klassenlosen Staat.[24] Es war so ... Ich hatte zu lange in der Stadt gebummelt und wurde nun als letzter in den Rundsaal reingeschoben. Nach der Musik sah ich vorn noch Plätze frei. In meiner Naivität setzte ich mich neben Klapproth und begrüßte ihn mit Handschlag. Er kommt ja von Dessau. Nun war ich platt, wie Schierz verkündete: Die ersten zwei Reihen bitte ... Na, dachte ich, da hast du ja Glück gehabt. Denkste ... Schon draußen geht neben mir Edith Brandt. Weil sie sonst immer sich freundlich erkundigte, ob ich noch Zirkusbilder male, habe ich sie sehr freundlich gegrüßt. Doch weiß der Teufel, sie knurrte nur dunkel „Morgen" und zog vorbei. Ah ... dachte ich ... C.M. auf der ersten Garniturreihe der proletarischen Hautevoilee ... und schon kam das Kontra ... gehe die ersten Stufen zur Ausstellung hoch, da kommt Schierz runter und flüstert mir zu, ich sollte bitte am nächsten Durchgang teilnehmen. Galant bin ich unten geblieben. Dachte mir, wegen Ankäufe aussuchen ... Na, ja Sindermann hat es besser gemacht. So was Borniertes. Nun war ich allerdings in großer Stimmung, denn schon vor Betreten des Rundsaales sagte man mir „alle Bilder hängen sehr schön". Da ging diese Panne nur so nebenbei. Und oben stellte mir Wetzel den OB u. Frau vor (oder auch umgekehrt), dann, leicht ironisch, H. Weiß, Verb. Sekretär, die beiden sowj. Vorsitzenden. Sie wollten mich kennenlernen.

Waren etwas enttäuscht, weil ich so ein alter Kerl war, doch es war das technische Können und die große Freimütigkeit, heikle Themen amüsant zu gestalten, was ihnen gefiel. Ha, da staun'ste ... Dann noch einen liebenswürdigen Kunstfreund, Prof. Schober. Bin dann nachmittags zum Zoo. Gestern hatte ich „Dienst in der Galerie". Habe mir in Ruhe alles genauer betrachtet. Na, ja. Es gibt noch viel zu tun, um insgesamt befriedigt zu sein. Hohe Malkultur fehlt an allen Ecken. Ich selbst muß auch wieder schwer ran!! Vorige Woche die Leipziger Ausstellung angesehen. Natürlich perfekte Malerei von einigen eben guten Leuten. Doch über allem ein Hauch von Elegie-Romantik-Verhalten. Na, da muß man drüber sprechen. Es wäre ja schön mit der „Bild. Kunst" und für's Buch farbig! Prima!
Herzl. Grüße an Ihre liebe Frau v. Ihrem C. Marx

30. 12. 74

Lieber Kollege Dr. Hütt!
Ihre prächtige Weihnachtsgabe[25] mit großer Freude empfangen (Sie wollen sich ruinieren). Ja, in kurzer Zeit 2 Signale für das Selbstbildnis *(...)* Die Galerie am Sachsenplatz lud mich ein, doch ich hatte noch nie an sowas gedacht. Meine zivile Visage interessiert niemand, da *(male ich)* für diese Zeit lieber ein gutes Bild. Dann aber bin ich doch mal ran und habe die „Visage" eingeschmuggelt. Zirkus natürlich. Dompteuse, 2 Löwen, Seiltänzer. Vorn ein balzender Harlekin macht Handstand, wohl mit meinem Gesicht, *(...)* die Harlekinmaske mit Hut daneben paßt genau zur Körperhaltung. Beide leicht grienend. Da war es eine Überraschung, in Ihrem Buch Herta Günthers Maskenhaltung ist ähnlich. Also, das Badewannenbild[26] ist ja bezaubernd. Auf diese Rückenpartie hätte ich ihr vor zehn Jahren einen Heiratsantrag gemacht. Renoir wäre neidisch gewesen. Als Frau ist sie herrlich frech und locker.

Ja, Selbstbildnisse ... Wenn ich an das Altersfoto von Braque denke, wie er am Tisch steht, schlicht wie ein kleiner Handwerker, so wiegt es hundert dieser auf „bedeutend" aufgezäumten Bildnisse auf. Manche sollten lieber in ihre Bilder die Fabuliergabe reinlegen.
Sooo ... und nun einen großen Dank für den Beitrag „Bild. Kunst"[27] Großes Format, an erster Stelle, eine kluge, lockere Beurteilung. Genau, was ich vorhabe und auch weiterhin mir auf den Nägeln brennt: die jungen Leute, heute. Ja, nun ist auch „Das Paar" angekauft vom Rat der Stadt Halle!! „Grüner Pavillon" u. „Zelt d. Gaukler" für die Galerie Moritzburg. Bin sehr erstaunt!! Sonst bin ich in voller Fahrt. Ein poetisches Bild, rosa, grün, gold, etwas Blau ... ein grobporöser hellumbra Kontur. „Einen Hauch Glückseligkeit". Ich dachte zuerst, es würde das „Traumbild" werden. Dann, im satten Grünocker „Im Tropenhaus". Bei Licht ca. 50 Pinselzeichnungen 41 x 60. Gestern habe ich im Buch „Düsseldorfer Schule"[28] wieder geblättert *(...)* wo einem so allerlei aufgeht ... Gesundheit und schöne Aufgaben für's neue Jahr Ihnen u. Ihrer lieben Frau C. Marx

28. 3. 75

Lieber Kollege Dr. Hütt!
Was für ein Wetter ... Da will ich Ihnen nun gleich ein Stück friedliche Natur senden, wo nicht der kalte Wind hinter jedem Busch lauert ... Trotzdem tut die klare Luft gut. Ja, ich hatte 1958 im Schloß Luisium[29] restauriert. 2 Monate die gemalten Decken gefestigt. Die Feuchtigkeit hatte die Farbe zu winzigen Spänen zerstört. Mit der Kaktusspritze mußte Kasein angespritzt und dann mit einer Streichholzschachtel angedrückt werden. Wenn ich abends meine Hals- oder Genickwirbel einhakte, dachte ich immer an Michelangelo. Welch eine Besessenheit hatten diese Menschen.

Ja, und da habe ich bei Ruhepausen aus allen Fensterrichtungen „Parkstücke“ aufgenommen. Da vor den Fenstern Glasvitrinen standen, habe ich die Platte benutzt und Monotypien[30] hergestellt. Man war damals doch „argloser“ (ruhiger).
Ach, da sehe ich's liegen „Vom Umgang mit der Kunst“[31]. Herzlichen Dank dafür. *(...)* Ja, und da ist wieder der Poussin, der mir so sehr gefällt. Farblich. Aber noch im „Reich der Flora“[32] die surreale Situation. Der Kriegersmann stürzt sich ins Schwert und unbekümmert tändeln die Schönen herum, so, als würde er sich nur die Nase schneuzen ... und es geht zusammen.
Ja, jetzt ist auch bei mir ein turbulentes Treiben fast fertig. „Greenwod-Combo“ eine Combo mit Waldhintergrund, wo am Rande außenstehende Figuren hinzutreten, ja, ein Bär dann mittrompetet. Farbig auf „Beat“ eingestellt. Dann habe ich fertig ein auf Gelb eingestimmtes *(Bild)* „Kakteen“ mit einer Figur. Nun wird Mittwoch „Garten der Lüste“[33] abgeholt werden. Zentrum für Kunstausstellungen will Mai in Frankreich, St. Quentin und andere Städte, wohl eine Ausstellung aufziehen. Na, das könnte meinen Freunden, den Franzosen, doch gefallen. So ... Hoffentlich geht der Brief noch durch, dann wünsche ich schöne Osterfeiertage für Sie und Ihre liebe Frau.
Herzlich C. Marx

10. 4. 75

...Sensationell ...Sensation ...Verlag der Kunst ...da bleibt einem ja der Mund offen stehen ... überwältigende Mitteilung einfach so aus blauem Himmel ...[34]
Die Verleihung des Nationalpreises wäre dagegen nur ein mäßiger Spaß. *(...)* ... So, genug ...
Doch, lieber Kollege Dr. Hütt, ich habe wirklich eine große Freude im Bauch ...

Und besonders freue ich mich, daß Sie meine Bilder „kreieren“ also ausdeuten wollen. Da braucht man nicht zu fürchten, daß man „verfremdet“ wird.
Mit „Hocherfreut einverstanden“ habe ich heute morgen meine Zustimmung nach Dresden gesandt. Nun ist dieses Vorhaben auf lange Sicht geplant. Da wird sicher noch einiges Gutes entstehen, was dem Büchlein die „Abrundung“ geben kann.
So viel für heute.
Ihrer lieben Frau und Ihnen herzliche Grüße, Ihr C. Marx

11. 5. 75

Lieber Kollege Dr. Hütt!
Vorigen Montag war ich in Halle zur Eröffnung einer Baschk*(irischen)* Ausstellung, wollte mal raus, hatte auch Vorstellungen von eigenartigen Bildern und *(...)* wollte dann Ihnen einen Besuch machen!!
Ja, die Produktion, gewiß, auch die Neubeginner schielen zum großen Bruder.[35] Ein paar farbig lebendige Teppiche. In der Reihe der Bühnenbilder plötzlich Malkultur, raffinierte Technik und Fantasie. Da konnte man sich bei aufhalten. Natürlich, auch gute Malerei, auch *(...)* Holzplastik *(...)* Na, ja, doch genau wie bei der Bezirks-Ausstellung fiel ein Reif auf die Stimmung. Dieselbe Zeremonie. Genau abgewogene Sitz-Karten-Anordnung nach Partei-Rang und akad. Würden. Dann wurde lange der Eingang zu den Bildern gesperrt von der ersten Garnitur im Gespräch mit dem Baschk. Vorsitzenden. „Das gemeine Volk dahinten kann warten.“ Bald wäre ich doch geplatzt *(...)* Jedenfalls bin ich erst mal durch die Straßen geschlendert, um das Unwirsche loszuwerden. Und dann waren wieder so viel Leute unterwegs, viel „junge Leute“, sodaß ich diesen „Modellmarkt“ (wie ihn Dessau nicht hat) im Pendeln immer begeisterter aufnahm. Da war dann

plötzlich die Zeit da, und auch abgespannt war ich. Also nun zum großartigen Vorhaben! Juni. Es wäre schön, wenn wir am Drücker bleiben. Ich habe nichts vor.[36] Übrigens: Wenn es für den Verlag eine bedachtsame und qualitätvolle Repro-Arbeit bedeutet, *(...)* so würde ich die Bilder nach Dresden bringen. Wo ich so gute Beziehungen zum Güter-Taxi habe. Die Fahrer gondeln gern lange Touren. Wenn es soweit ist, kann ich dem Verlag dies vorschlagen. Es kann sogar den Termin beschleunigen. Die „Combo" ist fertig, auch „Harlekin und Columbine", bin jetzt an einer polnischen Musikantengruppe zum 1. Mai-Umzug.
Bis zum Juni! Herzl. Grüße Ihrer lieben Frau und Ihnen

4. 6. 75

Lieber Koll. Dr. Hütt!
Ihr Schreiben gerade erhalten. Natürlich ist mir der 10. 6. recht. Bei mir liegt im ganzen Monat nichts vor.
(...) Und nun, lieber Dr. Hütt ... da ja unser Vorhaben „meinem Ruhme" dient, so tun Sie mir bitte dafür einen Gefallen!! Bestellen Sie tags zuvor die Taxe, und bald 3 Stunden sind früh gespart und wir können frisch rangehen (auch brauchen Sie dann nicht im Morgengrauen raus).[37] Ich habe nun mal leider keine Möglichkeit, Geld auszugeben. Und hier zahlt es sich ... zig Mal aus. Wenn man geschäftlich denken will. Also tun Sie es bitte.
Nun also bis zum Dienstag. Herzlich C. Marx

Auch Ihre liebe Frau wird sagen: dies ist eine nützliche Idee. Auch hier herzliche Grüße!

16. 6.75

Lieber Kollege Dr. Hütt!
Hoffentlich sind Sie mit Ihrer „Schnellfeuerkanone"[38] gut gelandet *(...)* Ja, ich habe gleich den nächsten Tag die Bildfotos angemeldet. Nun sind sie so überlastet (auch mit Winken eines Zehners), daß ich erst jetzt am Donnerstag früh die Bilder hinbringe. *(...)* Wenn ich Nachmittag die Abzüge erhalte, so könnten Sie Sonnabend diese erhalten.
Problem Foto: Ich möchte ja wirklich alle Bilder, ob schwarzweiß oder farbig, von den Dresdenern machen lassen.
Wie schon gesagt: Transport und sämtliche Kosten trage ich. Auch die der Dresdener Fotoleute.
(...) Nun ein paar „Gedankensplitter"[39] Werde weiter kramen
(...)
herzlichst C. Marx

15. 6. 75

Alles Lebendige, ob Mensch, Tier, Baum oder Blume, will an jedem Tag neu betrachtet sein und angesehen werden wie ein Wunder, aber es muß zugleich aus dieser Umwelt auch der Blütenstaub in die Nase eingesogen werden. Wer so die Eindrücke aufnimmt und hortet, sodann aus ihnen den Extrakt zieht, malt anscheinend mühelos.
C. Marx

20. 6. 75

Lieber Dr. Hütt!
Soeben die Fotos aus der Trockenkammer geholt, *(...)* Na, ja, hoffentlich kann man was damit anfangen. Habe sie noch nicht richtig angesehen. „Nun aber weg mit Schaden", mit der reitenden Eilpost!
Anbei eine abwegige Geschichte.
Herzlichst C. Marx

Gedanken für 2000 (nach dem Jahr 2000)
Der Verkehr ist zu einem barbarischen Spiel á la Rugby geworden. Kugelförmige Stahlkörper ohne Räder zischen vorbei, überspringen, stoßen beiseite oder werden selbst weg geprallt. Auf den Stahlkörpern ist der Körper oder das Porträt der Insassin projiziert, penetrant naturalistisch.
Dialog, mit heißer Stimme gesprochen:
Na du, ich gedrückt und da überschlug er sich auch schon ... dieser Flaps ... Er hatte eine metallisch rosa glühende Kugel angerammt mit dem tollen grünen Bikini-Mädchen darauf ... der hatte dabei die leuchtend blaue Frisur angeschrappt ... Nun hat er eine Beule dafür.
C. Marx

29. 6. 75

Lieber Kollege Dr. Hütt!
Hoffentlich sind die Fotos *(...)* angekommen.[40]
Ja, die „Combo", sie macht mir Sorge als Schwarz-Weiß. Ich habe sie gerade betrachtet. Schwarz-weiß könnte man durchaus ein paar dunkle Drücker einsetzen, doch farbig ... Da ist neben der Knienden ein helles Blau, sehr bestimmend für das viele Grün oben.
Ja, was machen?
Nun ist „Weltraumtouristen"– Bild zurück gekommen. Also auch Schwebende wie „Musik der Nacht". Ich möchte es doch mal repro*(duzieren)* lassen. Hier würde alles kommen.
Im gleichen Format wie die „Combo" habe ich „Polnische Musikanten zum 1. Mai" soweit fertig. Hatte es weggestellt, doch dann ging's weiter. Vorgestern waren Stuttgarter Bekannte da, sonderbar, sie wollen gerade dieses halbfertige Bild mitnehmen. Es ist noch verschränkter als die „Combo", doch meist Halbfigur, mir scheint, fotogener.
Dies hätte nun also auch mit Musik zu tun *(...)* Und nun ist auch das formatgleiche (wie „Musik der Nacht") *(...)* Bild

„Familie Simoneit am Sonntagmorgen“[41] bald beendet, ganz schön frech. *(…)* Ja, die Zeichnung „2 Beatfans“ mit Lampe, wie wäre es als Aufhänger vorn? *(…)* So, nun sehen wir weiter … Herzliche Grüße, auch an Ihre liebe Frau, Ihr C Marx
Anbei eine Betrachtung.

29. 6. 75

Man spricht täglich mit vielerlei Leuten und sieht in den Gesichtern Glätte und Unebenheiten.
Pfirsichrosa mit Pflaum, doch dann Großporiges, Braunfaltiges, oder auch eine freche Warze.
Wird man beim Rasieren gefragt: Mit oder ohne Warze …?
Ist das Gesicht ein Spiegel des Menschen …?
Oder ist es wie beim Apfel …?
Ach, wie wunderbar glatt, meine Süße …
Doch sie denkt: Du Einfaltspinsel. Dahinter kommst du wohl nie.
C. Marx

13. 7. 75

Lieber Dr. Hütt!
Ihr „Röntgen“-Manuskript[42] gestern und heute gelesen. Diese „Durchsicht“ durch den Maler selbst und seinen Zeitabschnitt, *(…)* ich kann nur nüchtern sagen: Ihre Aussage kommt mir so sehr entgegen und ich bin sehr froh, daß Sie es machen! Die Komposition schwingt wie eine Fahne kleine und große Kurven und auch der Verlag sollte möglichst diese fließende Bewegung nicht stören.
Nun sind da einige Dinge, wo ich hoffe, Sie können es „hinbiegen“: Seite 7 *(…)* Courbet einsetzen? Wo ich die liegenden Mädchen an der Seine so liebe (oder auch lassen). Seite 11: „Hahn im Korb“ als „Hippi“ abgelehnt zur Bez*(irks)*-Ausstellung, überarbeitet als „Hahn im Korb“, in meiner

Ausstellung 71 dann völlig übermalt, jetzt „Weltraumtouristen". (S. 13: „Musik der Nacht", nicht „in der Nacht". Sie schreiben: erscheint die Figur der Sitzenden. Meine Deutung: Die Figur der Ableitenden mit erhobenen Armen (Resigniert sich sinken lassende Einzelgängerin). Nur evtl. Wort ändern.
Ja, Ihre Combo-Ausdeutung ist schon eine prächtige Pointe! Ein nochmal hochtreibender Schlußakkord aller Instrumente! Ach, weshalb kommt sie nur so schlecht. *(...)* An der „Combo" werde ich vorsichtig mit reinen Farbtönen (keine Kontur) noch mal rangehen. Vielleicht ...
„Polnische Musikanten" gestern noch etwas aufgesetzt. Gar nicht so ohne ... Na, wir werden sehen ...
Nun Daten: bis 1935 arbeitslos in Dessau, dann tätig als Anstreicher. *(...)* 1958, IV. *(Deutsche Kunstausstellung)* Dresden, „Kinderfest" angekauft von Prof. John Heartfield. Schön, wenn die Zeichnung „Beatfans" mit erschiene. So, nun wollen wir weitersehen.
Nochmal herzlichen Dank für die großartige Ausdeutung meiner Bilder.
Herzlich Ihr C. Marx
Schöne Grüße an ihre liebe Frau

21. 7. 75

Lieber Koll. Dr. Hütt!
Manuskript und Unterlagen erhalten. Es ging ja noch mal gut mit den Änderungen. Nun bin ich nochmal über die „Combo" her mit reinen Farben. Die Figuren getrennt, eine gewisse Tiefe erreicht, der Alte links, oder Muse, heraus gearbeitet, ebenfalls die Kniende. Posaunist rechtes Bein gekreuzt u. vieles mehr. Es ist sicher fotogen geworden. Sonntag kam der Katalog von der französischen Ausstellung.[43] Habe eine Reproduktion mit drin. Freue mich, St. Omer, jetzt Lille. Anfang

Sept. Bild zurück. Gestern dem Verlag Dresden meinen Vorschlag Bildtransport unterbreitet. *(...)* Nun werden wir abwarten. Es grüßt C. Marx

16. 8. 75

Lieber Kollege Dr. Hütt!
Herzliche GRATULATION zum Geburtstag![44]
Wieder ein Jahresring dazu am eigenen Baume der „Erkenntnis". Erfahrungen gibt ein Jahr immer, doch die Weisheit bleibt gern unsichtbar ...
Es waren ja heiße Tage.
Am heißesten Dienstag bin ich früh mit der Taxe nach Halle und habe 6 Bilder ins „Marktschlößchen" geliefert, „Die Frau" ... mein Thema! Nun bin ich gespannt, was man wägt zu hängen. „Familie Simoneit am Sonntagmorgen". Da bin ich neugierig. Bin gleich mit der Taxe zurück.
Dresden wird also im Herbst einen Fotomann zu mir schicken also keine Transportfahrt.
(...) Bekam jetzt das Kunstbuch „Fabeltiere und Dämone" von Prof. Heinz Mode[45] Halle zu sehen. Ist wohl 1974 erschienen. Das „Backfisch-Aquarium" ist farbig, ganzseitig auf schwarzem Grund, sehr schön arrangiert.
(...) Eben so Gedanken (bei einer Diskussion dieser Tage). Na, ich schreibe es mal auf ... *(...)*
Herzlichst Ihr C. Marx
Schöne Grüße auch an Ihre liebe Frau.

CARL MARX
(für Maler und Werk)

Weshalb ich soviel Akte male ... ?
Es ist meine Propaganda ...

Endlich soll man die menschliche Gestalt
in ihrer ursprünglichen Nacktheit
als wunderbare, ja oft köstliche Erfindung der Natur
betrachten.

23. 10. 75

Lieber Kollege Dr. Hütt!

(...) Der Verlag hat vor einigen Wochen geschrieben. Es fehlt an einem bestimmten Material für Farbaufnahmen. Der Fotomann wird vor oder im November nicht kommen. Na ja, ich habe die wohl ein bißchen verrückt gemacht. *(...)* war vorige Woche in Berlin, denn es freut ja immer, ist man dabei! Nun konnte ich noch 3 andere Ausstellungen „kassieren", vor allem die „Mexiko" im Bode-Museum. Sie sollte an dem Tage beendet werden, da habe ich mich mit Impulsen „anreichern" können. Für den Winter ein Kraftspeicher. Da ist alles drin. Lustvoll, Fantasie, Kraft, sprühende Farbigkeit, prall von Lebensfreude (Dies vor allem in der späteren Zeit, wo katholisch und Inka sich verwebte). Die Kunstausstellung aus neuester Zeit ist angeschlossen. Wohl ein gleiches Bild. Viel abstrakt, aber immer hohe Farbkultur. Ich fühlte mich sauwohl und konnte mich im Kreise drehen, immer konnte ich mit der Zunge schnalzen.

Dies war nun leider nicht in der großen Ausstellung im Alten Museum „30 Jahre".[46] Bei unseren Freunden wehen wie noch nie die Mäntel der Soldaten mit einem Arsenal von Maschinenpistolen. Es irritiert für das Andere. Ein tschechischer Maler mit „Weinberg" u. „Garderobe", dies habe ich behalten. Dann waren noch die Malerinnen „Goethe-Zeit bis jetzt" Nationalgalerie. Sehr fein zusammengestellt. Und die Herta Günther gefiel mir wieder sehr, was war's ... „Tulpen"? ein herrliches Rosa und eine herrlich junge Dicke (bald ein kaum faßbares Rosa wie die Mexikaner es haben).

Ja, und Chile gibt sich ein Stelldichein am Alexbrunnen.[47] Da sitzen sie zigeunerisch und palavern. Wie gut, daß sie lachen können, trotz der Tragik ihres Verpflanztseins. In der Zwischenzeit hatte ich für das „Marktschlößchen"[48] 6 Arbeiten dort hängen. Mir scheint, da waren einige „Prüde" schockiert Marx wurde vollends von der „Freiheit"[49] gestrichen. Ja, ja. „Garten der Lüste"[50] ist zurück. Habe ein „Pas de deux" und „Vor dem Aquarium" als neueste Arbeiten.
Nun erholen Sie sich erst richtig! Herzliche Grüße Ihnen und Ihrer lieben Frau Ihr C. Marx

8. 9. 76

Lieber Kollege Dr. Hütt!
Nun wird es mal wieder Zeit ...
Einmal war's die Sonne, dann habe ich, um den Vater zu erfreuen, seine Küche weiß getüncht, weiße Rohre usw. und das Hausflachdach und andere Dächer geteert. Seine Geburtstagsfreude.
Ja, wir hatten ja auch ... Gratulation, lieber Dr. Hütt, und Gesundheit! Ich war am 18. 8. in Berlin um diese komischen Besuche abzuwenden. Haus oder Palast der Republik, ja, ein ergiebiger Komplex zum diskutieren. Vor allem die Bilder. Gut möglich oder kaum möglich *(als)* Ensemble in der dominierenden Architektur, der Marmorschwere, der Solidität, der Großräumigkeit. Es sind eben Tafelbilder *(...)*, doch jedes einzelne *(...)* wird zum Wandbild, weil die Umwelt stark wirkt. Na, ja, ich muß es mir noch mal ansehen. Es war heiß und auch im Palast stand man lange Schlange, trockene Kehle macht's möglich! Der Sommer war nicht ergiebig *(...)*, doch das wochenlange Herumspazieren im Strandbad Adria[51] ergab die Ruhe für Neues. Bis dann.
Ja, nun muß ich mal Blödsinniges berichten. Was Sie vielleicht in der Redaktion „Bild. Kunst" auch mitgekriegt haben. Ich

komme durch einen Artikel über Sabine Grzimek *(...)* wieder darauf *(...)* de Fiori, Giacometti, Marini usw. ... Es ist ein Jahr her. In der „Bild. Kunst" einige Artikel, und immer „Marini, Marini, Marini, Brancusi, Brancusi, Brancusi. Ein Überschwang, als hätte*(n)* Herr Kuhirt u. a. diese und Giacometti immer sehr am Herzen gelegen.
Mich kotzte dieser freche Umschmiß eben plötzlich an.
Und wollte provozieren, vielleicht beschämen. Nahm Marinetti (ital. Schriftsteller, Faschist) für Marini. Um Unkenntnis zu zeigen, weil ja diese Namen erst plötzlich jetzt wieder auftauchen. Um dann bei Antwort zu schreiben: Ach je, ach ja, da sehen Sie mal, 20 Jahre nichts gehört von diesen großartigen Leuten.
Doch als die Antwort kam, war mir die ganze Chose zu dumm, zu windig. Ich habe mich entschuldigt. Und stehe nun natürlich als ein unwissender Stümper da. Na ja, man soll keine Mätzchen arrangieren. So ... wenn Sie was hören, ich weiß wohl, wer Marini ist. Ihrer lieben Frau und Ihnen Grüße,
C. Marx

14. 11. 76

Lieber Kollege Dr. Hütt!
Gestern habe ich den letzten Farbton für's Treppenhaus des Bauhauses gemischt. Erst den Trakt der Berufsschule. Bald 6 Wochen, jeden Tag ein paar Stunden. Man mußte viel Proben streichen. Dieses Ilmatin (Latex-Basis) trocknet alle Buntfarben 2 bis 3 Töne nach! Da nützt die Farbangabe erst nach dem Trocknen. Außerdem haben die PGH nur ein Ultrablau, was ins Grünliche schlägt, ein knalliges Hochrot, ein Zitronengelb. Ocker muß man erst einsumpfen. Bauhausblau ist Kobaltblau. Da bin ich nach Leipzig und habe holländisches Tempera-Kobalt eingekauft.[52] Für die Paradedecke im Treppenflur noch gute Restaurierungspigmente ultrarötlich ausgesetzt. Ein herr-

lich sattes Blau. 1/2 Treppe höher der große Flur mit 3 Deckenspiegel mit dem Bauhaus-Rot, etwas zum Ziegelrot, aber leuchtend. Geht man hoch, spielen sich die beiden Töne (blaurot) aus. Eine schöne Aufgabe, doch sehr aufregend. Die gleiche Tonwertigkeit der Spiegel. Dann das Suchen: wie war diese Fläche, diese Wand, diese Tür. Dann ein strenger Termin und die alten Bauhäusler, z. B. Prof. Püschel, Weimar, Selmanagic oder Rose zuckten oft mit den Schultern. Da habe ich eben so und so festgelegt, denn die 5 Maler standen da und mußten weiter. Und dann ging alles genau auf. Ein schönes Erlebnis. Ein kleiner Dank an das Bauhaus für Anstöße und Erkenntnisse, die doch meinem ganzen Leben Substanz und Richtung gaben
(...) Ja, der Neuanfang für „unerhörte Bilder" hat sich nun wieder verschoben. Es grüßt C. Marx

29. 12. 76

Lieber Kollege Dr. Hütt!
Ihren so viele Bereiche berührenden Brief mit Freude gelesen *(...)* Ja, Bauhausboom ... Seit 4 Monaten spricht alles perfekt „Bauhaus". Aus allen Ecken sprießen Traktätchen-Heftchen mit gewichtigen Aussprüchen von Gropius und anderen (jetzt merke ich erst: ich habe deutsch geschrieben. Ob Sie es lesen können?)[53] Über den „Festakt der Neueinweihung"[54] lieber mündlich. Allein die DEWAG-Bühne[55], eine barbarische Vergewaltigung. Ein Einspruch nicht möglich. Tabu der ganze Tag. Na, ja ...
Nun ist es ein „gediegenes Museum". Entree: 1,05 M. Gruppenführung, alles starrt in graue und rote Decken, als würden sich Marx'sche Sexweiber dort oben produzieren.
Ja, wenn nicht die MNN[56] den Artikel damals gebracht hätte, niemand wüßte um meine Arbeit. Jetzt hat man gleich noch-

mal einen „Erinnerungsstoß" gegeben. *(...)* Meine Produktion ist noch mager. Erst die belebende Bauhaus-Farbgebung, doch dann *(...)* dieser Sturz in die Realität der Einweihung. Es kreiselt mir immer noch im Kopf. Trotzdem habe ich ein jetzt schon delikates Bild in Arbeit „Song vom letzten Bauhausfest 1933". Will hoffen, daß ich es „zusammen" bekomme. *(...)* Nun vor allem Ihrer lieben Frau und Ihnen Ruhe – Erholung und dann wieder ran im neuen Jahr,
herzlich Ihr C. Marx

19. 1. 77

Lieber Kollege Dr. Hütt!
Nun hat das optische Auge geklickt ... Ganz überraschend, ich war mit dem Aufwischen fertig und wollte mich zum Einkaufen fertig machen, da standen Lektor und Fotograf, mit Barkas[57] *(gekommen)*, in der Tür ... (wir hatten an sich ein Telegramm ausgemacht). Na, ein Glück, ich war noch Zuhause. Jedoch nun keine Vorbereitung, keine Verdunkelung, Bilder nicht griffbereit geordnet. Kein Mittagessen für beide vorbereitet. Es mußte nun zackzack gehen. Das nimmt natürlich die Ruhe für alle. Na, wir werden es am Resultat sehen.
Nun sind einige Bilder zusätzlich noch aufgenommen. Wenn was nicht kommt. Für die Sportausstellung (dann zur VIII. nach Dresden) stand *(...)* „Der Rettungsschwimmer"[58] Es könnte, wenn Titel- oder Umschlagbild „Der grüne Akt" nicht so kommt, einspringen.
(...) Und dann die „Suppenholer", 1946! Sie werden es nicht kennen. Hatte es mit Bauhausarbeiten ausgekramt. Hochformat. Dabei kam auch der „Elbeschiffer" zum Vorschein (Warum hat der Schiffer einen so langen Hals, fragte damals, 1949, die Kritik). 3 Aquarelle 1932 hängen ja nun im Bauhaus mit Feininger, Moholy *(...)* Ja ... so geht das ...

Jedenfalls hat der Fotomann alle Platten verbraucht, so daß die Pinselzeichnungen mit nach Dresden gingen. Unter Glas gepreßt ist es auch besser.
Sie werden ja bald unterrichtet werden.
(...) Wie gesagt, bei mir liegt nichts vor. Doch die Glätte ist gefährlich! Vielleicht warten Sie erstmal Dresden-Schreiben ab.
Es grüßt C. Marx

23. 2. 77

Lieber Koll. Dr. Hütt!
Da unser letztes Gespräch kein rechtes Resultat (betr. Bauhaus) brachte, habe ich, als Grundlage für ein *(...)* späteres, die ersten Interessen für Formsprache und dann zum Bauhaus aufgezeichnet.
Ja, ich war an diesem Tag irritiert. Hatte früh Asche ins Auge bekommen. Dies macht unkonzentriert. Nun kam Ihre so gut gemeinte Attacke des „Ehrensoldes"[59] und dann *(...)* bin ich noch immer unwirsch beim Wort „Bauhaus" ... Die Feier, dieser Spuk, ist nicht wegzuwischen.
Ja, und dann Tonband
Der Archivar Dr. Harksen wollte vor 1 1/2 Jahren was übers Bauhaus wissen und schlug auch Tonband vor. Da bin ich gleich abgezogen und es hat auch keinen Kontakt mehr gegeben. Ich haue manchmal sehr schräge Dinge raus. Was weiß ich, wo das Band landet. *(Ein)* Gespräch, ja, das verfliegt *(...)* Ich muß mir selbst erst mal klar werden. Da ist dies für mich sehr aufschlußreich. Habe nie darüber nachgedacht. Auch was ich nach 1933 eigentlich getan habe, will ich nun nachgehen. Das werden Sie dann bekommen.
Mit der VIII. Dresden ist man jetzt *(...)* sehr betriebsam. 17. bis 18. 3. Vorjury, dann für 8 Tage Ausstellung für die Öffentlichkeit auf der Peißnitz.[60] So ein Aufwand für 8 Tage. Und nur

nachmittags. Hoffentlich werden da nicht wieder präparierte Brigaden von Reportern zum Sprechen gebracht *(...)* Ja, ja. Ich bin gar nicht so freudig dabei. Na, ja.
So, das wäre es. Sie brauchen nicht erst zu antworten, ich sende Ihnen dann bald die Fortsetzungen. Bulgarien-Ausstellung nimmt sich auch Zeit. Ein Dr. Timm vom Zentrum (für) Kunstausstellungen Berlin hat sich dafür angesagt.
Nun recht schöne Grüße an ihre liebe Frau, auch Ihnen, herzlich C. Marx

20. 2. 77

Carl Marx (1926)
Die erste Begegnung mit der Form war der „Agitator" von Masereel im schmalen Groschenbuch „Jugendweihe 1926". Diese Linien des Körpers und weiterlaufend zur schrägen Geste des Armes und der Kontakt zu allem rundherum!
Die Malerlehre begann, und der bissig harte Meister ließ ein Jahr lang keinen Raum für andere Gedanken. Schaffe schaffe. Er war wohl aus Gießen. Eine Straße weiter nur wurde das Bauhaus gebaut und eingeweiht. Doch in unserem Villen-Neubau wurde gequirlt und geklitscht. Kein Blick für andere Dinge. Das 2te Jahr lief anders an. Gewerkschaftsjugend.
Sonntagvormittags malen in der Natur, Tempera, dekorativ. Abendschule: Gipsköpfe und Eichelhäher *(zeichnen),* auch hingezielt auf dekorative Anwendung. Dann die Arbeiterjugend (alles mußte heimlich laufen, der Meister war reaktionär). Hier setzte sich nun *(die Begegnung mit)* Masereel fort. Bücherei, Büchergilde, Malik-Verlag „Gutenberg", Roman in Holzschnitten von Budzinsky. Die Traven-Bände, die Typographie, die Schrifttypen, Gestaltung der Titelseiten. Schon fing ich an zu bauen *(...)* Plakate unserer Agitpropspielgruppe (wir hatten mit der Arbeiterwohlfahrt Abende im Tivoli mit 1000 Besuchern). Die Bauhausbücher in den

Buchhandelsfenstern *(an)*gestarrt und *(an)*gestarrt. Meine Plakate wurden nicht so. Das große Geheimnis. Durch *(eine)* Freundschaft konnte ich öfters in die Bauhausdruckerei (Hauswald) kibitzen und den einmaligen Dunst einer Druckerei aufziehen.
Nun hatte ich inzwischen ausgelernt (1929), war gleich anschließend „auf Walze", Ziel: Internat. Jugendtag in Wien. Spätherbst zurück. Frühjahr wieder los, Schweiz, Österreich. Dann wurden SP-Leute auf die Plakate aufmerksam und öffneten *(mir)* den Weg zum Bauhaus, schulgeldfrei, kleine Geldunterstützung für Material.
So ... nun her mit dem Geheimnis dieser überwältigenden Typographie. Denn ich wollte nichts als gute Plakate machen lernen. Ja, ein Traum, nichts wußte man, nichts kannte man. Hier wurde nüchtern geboxt ... Doch die Haltung der Studierenden, die kluge und warmherzige Sprache der Meister, plausible Deutungen bei Umsetzungen aus der Realität, wenn *(z. B. die)* Kostbarkeit der Struktur eines Holzklobens suggeriert wird, da setzte wieder ein Zauber ein, da wurde das Haus deutbar, man wurde Meter für Meter vertraut mit steter Bewunderung.
Nun war jedoch meine materielle Lage hemmend für das Wichtigste, den Kontakt. Mensa-Essen war zu teuer. Mußte selbst was für 3–4 Tage Reichendes kochen, oder mal bei den Eltern *(essen)*. Wohnte in *(einer)* Sportheim-Baracke für auswärtige Jugendliche kostenlos. Abends Spielgruppe, Funktionen, Freundin. Man kam mit den Studierenden wenig zusammen. Dann dies immer wieder störende zur Stadt sausen zum Stempeln. 7,50 M wöchentlich. Vater war arbeitslos. Im Haus oben alles vermietet. Grotesk: In meinem Balkonzimmer wohnte der Sohn Hermann Hesses, Martin, als Bauhäusler. – Fortsetzung

Marx. Bauhaus Dessau, II
Es war die gegensätzliche Situation, die mich da forderte, alles aufzunehmen, was sich nur anbot. Dieses Haus zeigte plötzlich nie geahnte Möglichkeiten *(und)* Sichten auf, nach jahrelangem verspieltem Trott. Erst die Wanderjahre mit den Pennern in den Herbergen, von *(denen man)* Tricks und die Kunst nahrhaftes Essen zu fechten erlernte. Dazu den rüden Ton der Abwehr. Er setzte sich tief fest. Doch jetzt zeigte sich eine Chance auf. Wenn ich früh das Glashaus betrat, die ästhetischen Werte wohl nur erahnte, die Ruhe und die Konzentration des Ablaufes des Unterrichtes, dann *(entstand)* der Antrieb: zu einem Resultat *(zu)* kommen, endlich den Faden erwischt zu haben, worum es hier geht. Albers und Kandinsky waren die Klippen. Das Handwerkliche lag mir in den Händen. Auch Mies v. d. Rohe war Praktiker in der Demonstration formaler Mittel. Er lag mir sehr, dies vor allem in Berlin. Also keinerlei Ablenkung, nur aufnehmen. Deshalb berührte mich die Gruppenbildung überhaupt nicht, ob links bis zu Trotzki, ob Völkische, Geusen *(Jugendorganisation, nach d. Vorbild niederl. Freiheitskämpfer aus d. 16. Jh., W. H.)* es war zu intellektuell, außerdem gruben die Völkischen ihr Grab, denn sie schauten blöd, als die Türen in Dessau und Berlin versiegelt wurden.

Nein, nach Schulende, nachmittags, begann bei mir die politische Praxis. Mit der Gruppe los zum Flugblattverteilen und mit Frechheit dann einen Stoß im Hof der SA-Kaserne[61] auffliegen lassen.

Oder eben in der Spielgruppe kabarettartig die Nazis anpeilen. Und dann war Schluß. BAUHAUS DESSAU – FINIS.[62]

Bis zuletzt gehofft in aller Naivität, doch nicht nur ich. So … nun wieder Zeit zum Grübeln.

Was wird nun?

Unsere Spielgruppe bekam Verbot. Aufgelöst! Der Prozeß zielte auf den Leiter Fr. Baum, 1 1/2 Jahr Zuchthaus! Wir waren

wohl beschattet, damals, den „Pfaffenspiegel"[63] aufzuführen. Endlich konnte man uns fassen. Von der Moral her.
Berlin wurde spruchreif! Fabrik in Steglitz. Mir wurde privat das Wohngeld zugesichert. Alles andere war Glückssache, denn ich bezog Wohlfahrtsunterstützung, die nur am Ort gezahlt wurde. Und dann Berlin. Teures Pflaster. Doch ich wagte es. Ab nach Berlin.

(Nächste Folge: Berlin)

4. 3. 77

Lieber Kollege Dr. Hütt!
Nun sende ich Ihnen die Bauhausfolgen Dessau und Berlin. Man geht meistens vom letzten Ergebnis aus. Und hier war es das Bewußtwerden des Ablaufes damals, der jetzt nachdenklich macht. Also wichtig! Für Sie wird es auch langsam einen Zusammenhang für jetziges *(...)* Arbeiten und auch Denken bei mir geben. Nun werde ich mal noch einiges ab 1933 aufzeichnen.
Ja, gestern Vormittag, ich wollte wieder starten zum Einkauf, rollt ein Laster vor's Haus. Ein richtiger Schnellastwagen mit fliegendem Verdeck und alles feucht. Man transportiert sonst damit schweres Stückgut. „Ja, unser kleiner ist kaputt." Jeder Piper hat einen Combi, heizbar, gut gefedert. Ich war so geschockt (sonst ist meine Art, alles in Wellpappe zu packen). Die Bilder runter, in ein paar Decken an die Wand gebunden, und fort ...[64]
Ich fühlte schon die Reaktion. Dann hätte ich gesagt: So nicht, hau ab ohne Bilder!
Nun sind sie weg. Wie kommen sie an?
Es hatte Dr. Timm geschrieben: Voranmeldung. Es war doch wieder Zufall *(...)*, daß ich da war.
Dies ist so abwertend. Ist er da, gut, sonst eben nicht ...
Habe Besuch Dr. Timm abgesagt. Sie sollen wissen, daß

jedenfalls meine Bilder empfindliche Kunstprodukte sind, die dann verkauft werden sollen.
Der Vater liegt mal wieder 8 Tage mit dem Knie. Zuviel rumgewirtschaftet.
Hoffentlich ist bei Ihnen alles munter. Wie gesagt, ich gebe *(...)* bald die letzte „Fortsetzung", dann können wir mal weiter sehen. Also brauchen Sie nicht erst zu schreiben.
Nun grüßt C. Marx

3. 3. 77

Carl Marx. Bauhaus – Berlin
Hier war nun alles anders. Letzte Schlichtheit mit der Architektur. Wenn BAUHAUS – AIR, dann mußten ganz und gar die Bauhäusler es einblasen. Von der menschlichen Haltung her. Es gab noch allerhand zu tun. Endlich war Kontakt, den ich so brauchte. Und zwar *(...)* echter Kontakt mit jedermann, weil da nun schnell etwas Wichtiges stehen sollte. Das Bauhaus sollte wieder leben! Auch Mies, der große, schwere Mann, schritt federnd auf seinen Kreppsohlen durch die Räume und schlug dies und das vor, ruhig, freudig. Wie auf einer neuen Insel gelandet! Ja, und da fiel in ganz kurzer Zeit bei mir der Groschen.
Jetzt wußte ich endlich, was BAUHAUS war. Und als wir zu 5 Mann in 2 Räumen wohnten (3 waren ältere Semester, Foto, Architekt, Reklame) und alles in den Grund redeten und surreale Filme (ohne Film) drehten, mit 2 weiblichen Vampstudentinnen und der Witwe Stenzel, die Villabesitzerin in Lichterfelde, da waren dann auch Albers Anstöße zu Erfindungen und Kandinskys Umsetzungen für mich plausibel und zeigten sich in den Arbeiten (Aquarelle). Dann gingen die Aufträge weiter, *(...)* Bramsche, Tapeten, Tischtücher, Strukturmuster *(...)*, Reemtsma, Jacobi-Schuhe, die letzteren für Plakat-Entwürfe. Wobei Mies eine erstaunliche Zuneigung und

pädagogische Überzeugungskraft zur graphischen Werbetechnik zeigte. Hohe Fantasie, dabei real bleiben. Kein Schuhfoto produzieren, und doch muß das Plakat mit dem Damenschuh die Frau um den Verstand bringen.
Berlin war noch links und dem Bauhaus zugetan. Die Fürsorge sagte: Bleiben Sie nur hier, es gibt Unterstützung. Dessau bekommt irgendwann die Rechnung. Dessau verlangte dann die Rückkehr, doch ich blieb. Die Volksküche kochte täglich für 0,25 Mark.
Dann fuhr*(en)* Polizei und SA in Überfallwagen auf den Hof.[65] Deutsche hier, Ausländer da und Juden da ...! Schlösser versiegelt. Alles Arbeitsmaterial blieb oben.
Wieder mit leeren Händen. Gewartet und getrödelt. Bis Mai/Juni Mies keine Möglichkeit mehr sah.
BAUHAUS-BERLIN FINIS.

4. 3. 77

C. Marx. 1933. Dessau
Juli 1933 wieder in Dessau, mit leeren Händen. Ein Absturz in jeder Beziehung, denn die Nazis sind dran.[66] Als erstes: Argwohn, Vorsicht, denn die SA-Männer sprießen wie die Pilze, und die Jahre vorher können böse Dinge ergeben. Weiter stempeln! Die Malergeschäfte stellen nur Mitglieder der Arbeitsfront[67] ein. Doch das *(Mitglieds-)* Buch hat als Titelzeichen das Hakenkreuz, also nichts für mich. Man muß kritisches Denken ab jetzt ausschalten. Sonst geht die Galle ins Blut. „tumber Narr" wird das Richtige sein. Also Schwarzarbeit und Poussagen. Die Liebsten machen plötzlich auf „modern". Im Seperatzimmer Stahlrohr, Holzfasertapete, Englischrot-Decke. Nun muß ich laufend abstrakte Zeichnungen, Aquarelle produzieren. Denn Bamberger Reiter und Dürer-Hasen und die drei Masken kommen in die Schublade. Dafür werde ich gut gefüttert, denn die Mädchen haben gute

Arbeit. Lese die Bücherei leer. Sie haben noch alle Bauhausbücher, Klee, Mondrian und Ähnliches. Dann kopiere ich viel Hokusai, v. Gogh, Kolbe, Gulbransson usw. und lese und besehe alles Erreichbare der Impressionisten und Nachimpressionisten.
Und dann baut Junkers-Werk 1934/35 Riesenverwaltungsgebäude, Berliner Malerfirma fragt nach guten Malern. Nun ist endlich mal Verdienst da. Zelt, Faltboot, Ostsee, Nordsee, Sylt, Kurische Nehrung, Nidden. Davon Reisebilderbücher aquarelliert, doch Mai 1938 plötzlich Zwangsverpflichtung zum Westwallbau. Tiefbauarbeiter, Schinderei, doch durchtrainierter Korpus. März 1939 beendet. 400 Mark gespart. Einige Wochen Jugoslawien. März 1940 *(zum)* Militär eingezogen. Oktober 1941 verwundet. Januar 1943 als Schwerbeschädigter AvH[68] entlassen. Linke Hand Lähmung. Zu Junkers als Werkstattschreiber (Anfertigung von Meßgerätezeichnungen) Noch 1945 verschiedene Jobs, u. a. als Einkäufer für Kartoffelgroßhandel (für Dachsparrennägel ein Riesenlastwagen K*(unst)*dünger aus Wolfen, dafür 1000 Ztr. Kartoffel freie Spitze[69]). Dann für Rote Armee Riesenkarten Bez. Halle gezeichnet mit allen Wirtschaftszweigen und vielfach gepaust. Gute Kasse! Dann Ausbildungsblätter für Waffenunterricht gezeichnet usw. Dann Sichtwerbung, Plakate, Köpfe aller pol*(lit)*. Funktionäre von Bebel, Marx bis Stalin. Und dann fing man an zu malen, doch es war, als hätte man nie damit zu tun gehabt. ...
Dieses gewaltsame Absperren des Denkens, um im Krieg nicht überzuschnappen, hat sicher allgemein Nerven- und Denkbezirke lahmgelegt.

Anschluß an Tagebuch. C. Marx

Carl Marx: Abschrift 5. 3. 77

Der Magistrat.
Fürsorgeamt
Dessau, d. 28. 10. 32
IIIa, WR

An
Herrn Carl Marx
Berlin Steglitz
Birkbuschstr. Bauhaus

Auf Ihr Schreiben vom 26. D. Mts. erwidern wir Ihnen, daß die Fürsorgeverbände nicht verpflichtet sind, die Möglichkeiten zur höheren Berufsausbildung zu geben.
Wir müssen es deshalb ablehnen, Ihnen eine Unterstützung zu zahlen, damit Sie in die Lage versetzt werden, im Bauhaus weiter zu studieren. Die Unterstützung ist Ihnen z. Zt. Aufgrund Ihrer Angaben bewilligt worden, daß sie mittellos sind und trotz eifriger Bemühungen Arbeit nicht erhalten können. Daß Sie in Dessau das Bauhaus besucht haben, haben Sie verschwiegen. Bei Kenntnis der tatsächlichen Verhältnisse wäre Ihnen die Unterstützung nicht gezahlt worden. Sie haben sich durch Ihre falschen Angaben strafbar gemacht.

Der Magistrat

Fürsorgeamt

(Unterschrift)

Carl Marx: Abschrift 5. 3. 77

Stadt Berlin
Steglitz d. August 1934
Bezirksamt Steglitz
Bezirks-Wohlfahrtsamt

R e c h n u n g

In der Unterstützungssache	eigene
Unterstützung vom 2.11. – 30.11.32	44,–
1 Schuhbesohlschein	4,05
Unterstützung für Dezember 32 und Januar 33	68,–
Unterstützung vom 1.2.33 – 11.7.33	180,40
	RM 296,45
	===========

Wir ersuchen, den vorstehenden Betrag
… Bezirkskasse Steglitz P. Scheck. Brl. 61523
zu übersenden.
Sollte nicht …

I. A.

(Unterschrift)

An
Herrn K. Marx
Dessau

(Hatte Zahlung abgelehnt, da noch arbeitslos. Originale sind vorhanden)

17. 3. 77

Lieber Kollege Dr. Hütt!

Na, an dieses Büchlein werden Sie lange denken. Betr.: Aufwand! Verlag der Kunst macht es erstaunlich spannend ... Wenn ich da an das „Magazin“[70] denke, monatlich, guter Farbteil, gute Beiträge. Na, ja, also müssen Sie noch mal herhalten ... Nun lassen Sie sich nicht nervös machen von meinen „neuen Informationen“. Der vorhandene Text ist gleichlaufend! Höchstens S. 2. Kandinsky .... (fand dazu aber kaum Zugang) ... auslassen, *(...)* Ja, die Bauhaussituation ... Vielleicht die Gruppenbildung etwas abstreichen. Aber sonst alles lassen!! *(...)* Wenn jedoch die Bauhausbetrachtung für Sie *(...)* noch aktuell ist, hätte ich etwas Positives. Claußnitzer ist ja auch interessiert. Also, Mittwoch d. 6. 4. Ab 15 Uhr (Dienstag nicht) ist ... Besichtigung ... Wir könnten also für den Mittwoch festlegen, so nach dem Mittag ... Wenn Nachmittag für H. Claußnitzer *(nicht)* möglich ist ... meinethalben Abreise, oder noch andere Verpflichtungen, können *(wir)* nur Vormittag freilassen ... Dann müßte ich wissen, Dienstag oder Mittwoch früh ... weil ich versuchen würde, den Schlüsselgewaltigen für unsere Besichtigung zu bekommen. Na, sehen wir mal zu!

Es grüßt C. Marx

19. 8. 77

Lieber Kollege Dr. Hütt!

Als ich gestern Abend aus Leipzig zurückkam, war Ihr Brief da. ... Und immer wieder erstaunlich, wieso man so vertrottelt *(sein kann)*, wieso fällt mir nicht ein ... na klar, 18. 8., Dr. Hütt. Jedoch sicherlich, weil ich mich vollends konzentriere, wie büxt du diesmal am 18. 8. aus ...! Weil ja die Bude voller Unordnung da liegt.

Ja, um 7 Uhr früh dachte ich: fährst du mit dem Rad nach Wörlitz, da ist eine Exotenschau im „Grünen Kranz“, also

Kakadu, Sittiche usw. Um 8 Uhr pladderte es in Strömen. Also auf nach Leipzig zum großen Modellmarkt der jungen Leute, und der Zoo! Es war nachmittags schön und die Straßen (waren) voller Jeansträgerinnen. Und der rote Orang-Utan! Sensationell, wie er mit einer Knüppelstange jongliert. Na, und die echten Clown's, die Pinguine. Also, ich wurde schön locker und vergnügt, habe auch einige Frauentypen „eingerastet". Da war in der Gartengaststätte Zoo eine Frau, vielleicht dreißig, blaß wie Milch, rotbraunes Haar, silberne Ohrclips, *(Mund)* groß und rund wie eine Kirsche, zitronengelbes Wollhemd. Sie aß Torte und ließ den Löffel genießerisch lange im Mund, zog ihn langsam heraus, mit ihren fordernden schwarzen Augen dabei die Umwelt abtastend. Wie ein italienischer Spitzenfilm!
Ja, Bulgarien ist ein schöner Erfolg. Ich möchte im September nach Gobrovo[71] fahren. Auch die Repros der Sportausstellung[72] tat*(en)* mir gut ...
Wenn in Dresden[73] was dabei wäre, so ging es rund. Ich habe noch nichts erfahren. Diese langen Zeiten der Ungewißheit bei allen Einsendungen sind nicht fördernd für die Produktion. Doch nun, lieber Dr. Hütt, nachträgliche Glückwünsche und ein hohes Arbeitspensum, Gesundheit für Ihre Familie. Habe mich so gefreut über die Wünsche Ihrer lieben Frau! Das kleine Büchlein zur Freude.
Nun grüßt herzlich Ihr C. Marx

d. 30. 10. 77

Lieber Kollege Dr. Hütt!
Ja, nun werden Sie den Kopf schütteln …
Gleich so aggressiv …
Doch kommt der „Smaragd"[74] nicht strahlend, ist es, wie wenn das Licht verlöscht. Man ist irritiert.
So ein Hohn. So was völlig in Farbwerten daneben getreten. Dies zu schicken.
Eine glatte Abwertung in der Öffentlichkeit. Sie müssen meinen Beitrag zurückziehen! Ich protestiere gegen solche Schludrigkeit"
Es grüßt C. Marx

Abschrift
30. 10. 77

C. Marx, Maler

Sehr geehrte Frau *(…)*!
Ihre Post mit Andruck erhalten. Also … so ein seriöser Verlag und dann dieser qualitätslose Ausrutscher …!
Das ist ein grauer Kieselstein, aber kein „Smaragd"!
Das Bild, original, lebt vom leuchtenden Farbdreiklang … Ihr Blau steht zum Original wie eine verwaschene Schlosserhose … Das Gelbgrün hat er wohl mit Asche gemischt, der Herr Drucker! Das Rot stumpf, das Standbein ein Farbentgleisung. Original ist es hellviolett! Mein Blau ist ultramarin. Noch leuchtender als die 2 Farbproben. Die Farbskala des Andrucks zeigt dieses grünstichige Blau (Probe: Kekspackung). Wie will man da an das Ultra rankommen! Wäre ich motorisiert, würde ich das Original vorführen, um die Leuchtkraft Marx'scher Farben zu demonstrieren. Der Fotomann hat bestimmt nicht diese grauen Farbwerte geliefert. Der Betrachter des Kunstbuches wäre verstört, solch flaues Bild vorzufinden. Nein, ich

gebe für den Druck keine Zustimmung (auch kein Schriftteil). Ich werde Dr. Hütt das mitteilen! Mit Korrektur ist da nichts ... Völlig neu aufgebaute Farbwerte, wenn das Foto diese leuchtenden Ultra, Grün, Rot in sich trägt ... Doch da ist technisch nichts drin beim Henschelverlag ...Schade, weil gerade dieses Bild eine neue Phase bildet.
Na, vielleicht ein andersmal
Herzlich C. Marx

31. 10. 77

Lieber Koll. Dr. Hütt!
Heute will ich nur auf etwas aufmerksam machen! Habe vormittags das Belegexemplar des Kalenders „Das schöne Detail" vom Seemann Verlag Leipzig erhalten. *(...)* Eine großartige Farbwiedergabe, feinste Haarkratzer, sehr transparent. Ich freue mich sehr darüber, *(...)* mit so viel Kleinfiguren eine seltene Arbeit. Es wird in den nächsten Tagen in den Buchhandel kommen. *(...)* Da kann der Henschelverlag sich eine Scheibe abschneiden! So ..., am Sonnabend war Eröffnung der 2. Bauhausausstellung. Natürlich waren die „Knaller" bei der ersten. Ich habe einen Raum mit ca. 20 Exponaten. Eine Reihe Vorkurs-Arbeiten werden informativ sein. Leider ist der Katalog erst in ca. 10 Tagen fertig. Habe darin einen schönen Bildbeitrag und Text *(...)* Sie haben zu tun, kein besonderer Grund zu antworten. Ihrer lieben Frau und Ihnen herzlichst C. Marx

22. 12. 77

Lieber Kollege Dr. Hütt!

Nun bin ich im Verzug, vor allem, weil Sie trotz hoher Anspannung mir 2 Seiten zukommen ließen, die auch für mich „besänftigend"[75] sind, weil Sie genau so von den Unzulänglichkeiten empört, aber machtlos sind.

Sie werden jetzt vergleichen können: Der Katalog „Bauhaus-Graphik" Dessau[76] und dagegen der Leipziger Katalog[77]. Die Dessauer hätten schon im Vorjahr – „Bauhaus 1" – eine qualitätvollere Vorlage der Leipziger aufnehmen können. Nein, simpel bastelt man da etwas zurecht. ... Schon diese Schriftzeile, das G, das R, schlimm. Also erster Bauhauskatalog! Seit der Eröffnungsfeier 7.12.76 hatten sie 3 Aquarelle (sogar schon ausgestellt). Doch erst als H. P. Schulz sie gut herausgebracht in Leipzig, wagt man sich heran! Na, sie haben dafür Haare lassen müssen. Er hat alles an die Wände arrangiert, Vorkurs u. andere Arbeiten. Da mußten sie alles übernehmen lt. Abmachung. 10.000,– habe ich kassiert, gut?

Gestern war der Fotomann der Nationalgalerie im Bauhaus und hat die Aquarelle, vor allem „§ 218" u. „Kurfürstendamm" auch farbig aufgenommen. *(...)* Man plant für den Herbst eine „Asso" Ausstellung![78] Was, das wäre ein Erfolg. Nach soviel Jahren, und erscheinen gewichtig genug. Es ist natürlich die sozialkritische Tendenz! Jedoch in ihrer klaren Formulierung stehen sie für 1932.

Im Juni werde ich mit Fritz Fröhlich, Lpzg., und Kurt Schmidt, Gera[79] – der Miterfinder des „mechanischen Balletts", am Bauhaus wohl 1923, in der Galerie am Sachsenplatz eine kleine Zahl von Arbeiten ausstellen. Verkauf! Da gebe ich nur ein paar nicht so wichtige her.

Im Herbst werde ich – wahrscheinlich – eine mittlere Ausstellung im Bauhaus machen. Einen Querschnitt ab 1946 wohl.

Sonst geht es uns beiden bissigen Alten gut! Keine grauen Haare wegen Termine, Koll. Hütt, im nächsten Jahr löst sich alles gut auf! Ihrer lieben Frau und Ihnen Gesundheit und Frohsinn, Ihr C. Marx

5. 1. 78

Lieber Kollege Dr. Hütt!

Na, sehen Sie, nun ist es plötzlich da, unser Kinderbuch.[80] Und es ist ein großartiges Buch, wirklich. Ein liebenswürdiger, schwingender Rhythmus zieht sich durch das ganze Buch. Also keinesfalls auf „kindliche Mentalität" eingestellt! Wo nämlich Kinder sauer werden!

Nein, ich hatte gestern Abend einen dringenden Brief vor. Na, dachte ich, liest mal ein Stück, und um 10 Uhr abends hatte ich es durchgelesen. Ich kam nicht weg, spannend wie ein Roman. Dazu natürlich das ausgewogene Spiel der so unterschiedlichen Repro's. Jedes treibt einen zur nächsten Seite weiter. Dazu noch für mich kleine Offenbarungen, denn die meisten kannte ich nicht. Bin doch ein harmloser Naiver ...! Was gibt es aber auch für schöne Dinge. Schon das 1te, ein geflügelter Genius. Sie schreiben schon, ein freundlicher, wirklich, so ein liebenswürdiges Lächeln. Wo trifft man das heutzutage in Bildern? Dann der wundervolle Garuda[81], im herrlichsten Blau schwebend ... Es ist doch drucktechnisch sehr gut. Warum aber muß man heute so jagen, wenn man Guardi's Ballonschiff über Venedig[82] schweben sieht, mit der fantastischen Vogelkörpergondel. So ein Ding würde ich mir anschaffen und 5 dumme Trabant-Pappkisten dafür hingeben ...

Das mexikanische Volksfest[83] muß ja farbig eine delikate Sache sein. Na, und dann gleich Bosch[84] ... kannte ich auch nicht, dieser Panzertorso in dem Bötchen, gegenüber dies grazile Schwanenhals-Entenschiff, wunderbar und hypermodern. Die Surrealisten werden jedesmal platzen. Und ich bin auch sehr zufrieden. Hat doch viel hergegeben, denn die Farbigkeit ist schwierig im Original. Prima ... Hatte so großes Format nicht erwartet! Da können sie sich nun allerlei raus- od. ausdeuten. Das Gegenüber, das „echte Raumschiff" mit „echter Landschaft" ist raffiniert arrangiert. Kunst und Wirklichkeit, sehr fein! Dem Verlag werde ich Ähnliches schreiben.

24. 1. 78

Lieber Kollege Dr. Hütt!
Soeben Ihre Nachricht erhalten und um 11 Uhr ab mit Eilpost *(Antwort)*. Also, Sie müssen sich Ihr Geld aber wirklich hart verdienen!
Also erstmal klären: Was wir damals als Einführung gedacht hatten: Beatfans[85], also dies mit der Petroleumlampe: Abb. 4 (Sie müssen unbedingt mal eine Jugenddisko mit Ringelpietz besuchen), *(...)* Also fällt aus: „Am Morgen" die Großformatige – schwarze, aggressive Augen – , mit Handtuch, Streifen über der Schulter. Ganz gut, war mir nicht ganz geheuer in meinem Zirkus. *(...)* Also dieses Heft nagt nun schon Jahre an Ihren Nerven! *(...)* Warten wir ab ...
Vorige Woche waren ca. 20 Studenten (künftige Pädagogen) aus New York – Amerika, wie bist du weit – im Bauhaus. Sie machen eine Dok-Exkursion und wollten am Sonntag zur VIII. Dresden. Habitus, die ganze Art sich zu geben, wie bei uns. Waren gut informiert und bohrten ganz schön (Sie wollten unbedingt mit einem alten Bauhäusler sprechen). Nun war ja die Grafik-Ausstellung, also bitte. Moholy oder Kandinsky, wie ist die Situation ... Na, ich habe ein paar Sympathie-Raketen für die beiden hochgeschossen. Man kann nicht zum 3. Mal totschweigen. Überhaupt, wenn ich so die Blätter in der Ausstellung hängen sehe, so ruhig, so interessante Erfindungen. Jetzt, im Zeitalter der Elektronik, des Raumfluges – diese Inspiration für junge Erfinder. Habe dies auch den jungen Leuten gesagt. Wieso konnten ganze Ideologien so in Raserei geraten!!
Herzliche Grüße an Ihre Frau und Sie, C. Marx

2. 2. 78

Lieber Kollege Dr. Hütt!

Bin einmal beim Schreiben, also kommen Sie auch gleich dran. E. Neumann[86], Frankfurt/Main, das lebende Bauhaus-Archiv und Herausgeber eines guten Bauhausbuches, will nun über Joost Schmidt alles Material verarbeiten, und deshalb bohrt er nun: Wie sah ich J. S., wie gestaltete er den Unterricht, das Verhältnis Mies – Joost Schmidt, ihre Vorstellungen über Reklame (J. S. war nicht mit nach Berlin). Dann: welche Denkanstöße gab Mies v. d. R., gab er neue Plakatformulierungen und Stoffentwürfe, die über die strenge Formensprache von J. S. hinausgingen, usw., also bei Mies in Berlin! Da muß man ganz schön kramen im Hirnkasten. Doch es gehen einem dabei allerlei Lichter auf.

So, nun gleich mal Dr. Jacob[87] „verarzten". So viele Gründe, die mir entgegenstehen. Einmal: Was für eine Kategorie Betrachter: Leute die krank sind oder langsam gesund werden, die nach dem Mittagsschlaf durch die Gänge schlurfen und dann sich mal so'ne komischen Bilder ansehen. Da sind meine Bilder nicht geeignet. Sie müssen gedeutet werden. Ein ästhetisches Wertmaß muß vorhanden sein, um heranzukommen. Landschaften, Blumen, Laternenfest an der Peißnitz, so was. Es darf nicht Unwillen, nicht Erregung erzeugen. Gegen den realen Tatbestand einer Männerabteilung komme ich mit meinen Figuren sowieso nicht an: „Der pralle Arsch einer Schwester, das ist was Reelles ...", sagen sie von früh bis abends ... (Erfahrungswerte!) Und verkaufen will ich sowieso nicht. Dr. Jacob wird sein Bild sicherlich in der Verkaufsausstellung 17. Mai – 20. Juni Galerie am Sachsenplatz bei H. P. Schulz finden.

So ... erste Absage ...

Vorausgemeldete Absage: An Henschelverlag, postwendend Rücksendung 3 Belegexemplare[88] an das Lektorat. Was soll ich damit. Es wäre ein ewiges Ärgernis. Nun ist es zurück zum Tatort ... Habe gleichzeitig der Chefredaktion einiges plausi-

bel gemacht, was Grenzen sind, was nicht mehr tragbar ist für den Verlag, Autor, Druckerei und Maler, nämlich Qualitätsschluderei.
Habe gestern das erste Bild im neuen Jahr fertig gemalt. „Die Stromschnelle, oder die Süchtigen".[89]
Wünschen Sie Ihrer lieben Frau baldiges Wohlbefinden, herzlich C. Marx
Wie Sie merken bin ich ganz schön munter.

21. 5. 78

Lieber Kollege Dr. Hütt!
Mit dieser Notiz, über die ich mich natürlich sehr freue, komme ich endlich dazu, Ihnen zu schreiben.
Nun hatte H. P. Schulz (Galerie am Sachsenplatz) schon Frau Markus (früher Moritzburg) zugesagt. Dann kam Ärger im Bauhaus (Kollegin R. Brömme weiß davon) und ich habe die Bauhaus-Ausstellung abgesagt, also nicht auf Ihr so herrliches Angebot ...
Außerdem gebe ich für Leipzig nur 5 Öler u. ein paar Pinselzeichnungen. Die Produktion hat sich jetzt intensiv in den Garten verlagert, die Schoten stehen 15 cm hoch, Kohlrabi setzt Köpfe an, Tomaten stehen da, usw., „Hocherfreulich"
Nächstens mehr. Es grüßt C. M.

18. 8. 78

Lieber Kollege Dr. Hütt!
Gratulation! Fiel mir natürlich erst vor einer 1/2 Stunde ein. Als ich mit dem Handwagen und darauf eine Rolle Dachpappe die Überführung runterrollte ... Nur Freitags gibt es sowas Kostbares ... Und wenn man Glück hat ... 1/2 8 Uhr steht man da angestellt wie zu einer Preisverleihung ...[90]

Also ist wieder ein Jahr durchgestanden. Für uns beide ... Hoffentlich ist alles in guter Verfassung bei Ihnen und Ihrer lieben Frau. Ich habe mich ganz gut stabilisiert und bin seit Monaten beim Handwerker-Look. Zementieren, streichen, kleben, seit Jahren habe ich alles vertrödeln lassen, weil ich dachte, kippst ja doch bald aus den Latschen ...
Weiß der Teufel ...
Ist noch nicht drin ...
Jetzt bekam ich vom Verlag der Kunst die Belegexemplare vom Farbdruck: Song vom Bauhaus ... Sehr, sehr gut, einen kleinen Pfiff duftiger als das Original. Wunderbar, da kann man sich verbeugen vor den Druckern!
Male jetzt „Disko", junge Leute, leicht abgeschabt, wie ihr Habitus eben so ist ...
Bin ausgeglichen, rotzig, ohne Illusionen, na, wir werden uns schon wiedersehen.
Nun also frech weiter. Gesundheit Ihrer lieben Frau und Ihnen, Ihr C. M.
Nun habe ich Ihre „documenta 6" – Eindrücke[91] gelesen. Sehr informativ, weil man ja nun einen Begriff vom Gesamtkomplex der „Produktion" bekommt.
Dann brachte mir ein Bauhausfreund von drüben das Werkverzeichnis der Gemälde 1964–1977 von Johannes Grützke[92] mit, ca. 220 Abbildungen. Also, da kommt man doch ganz schön ins Grübeln ... (der Freund wollte *(meine)* Meinung wissen). Sicher, Sie haben recht, zu 70 % benutzt er sein Gesicht ..., doch ich glaube, er benutzt es wirklich nur, weil es (für sein Vorhaben: „dies ist meine Analyse") gleich ist, ob es sein oder ein ähnliches oder ein ganz anderes Gesicht ist.
Man malt nicht so aus Jux 100 perfekt gekonnte, Zähne bleckende Figurenkompositionen. Na, darüber mal später. Er hat da Bildnisse von Leuten gemalt, locker, echt, wo man sich bei uns die Finger lecken würde (Nun gebe ich natürlich keinerlei Westbuch aus dem Haus). *(...)*
Es grüßt C. Marx

8. 9. 78

Lieber Dr. W. Hütt!

Als ich das Innere des Couverts abfühlte ... aha ... jetzt kommt die Endphase einer jahrelangen Spannung ...![93]

Tod oder Leben!

So ungefähr ist es doch ... Ist die Farbigkeit traurig, stehen wir beide da wie eingeregnet ...! Doch gleich polterte der erste Stein vom Herzen ... Titelbild „fetzt". Und dann polterten sämtliche Steine. W. Hütt ... in Ordnung, in Ordnung. Genau so würde ich jetzt noch mal die Druckmaschine anlaufen lassen! Es ist eine Publikation um Marxsches Temperament und Mut aufzuzeigen! 9/10 der Käufer stößt das erste Mal auf Marx ... oh, la, la, welch eine Farbigkeit ... erst mal Schauwert ... ein kleiner Schock ... Intensivbestrahlung ... Differenzierte Valeurs sind dann in den Originalen zu ersehen. Reinheit der Farbtöne, transparente Leuchtkraft, ein aktivierendes Kolorit, dafür meine Verbeugung für die Drucker ...!

So was läßt sich verkaufen. Für „auf die Tube drücken" bin ich immer. Die Zeichnungen stehen sehr schön locker und der Text erhält nun volles Gewicht durch die Vergleichbarkeit. Welch mir so nahe stehenden Auslegungen ...!

Ein echtes Geschenk, und vor allem das Wunderbare zu spüren: Die Zuneigung, die Freundschaft! Von Ihnen, aber auch von der Seite des Verlages.

Ein an sich kleines Heft. Doch was kann es so alles erzeugen.

Bis wir uns treffen, herzlichen Dank (Ich muß es erstmal verarbeiten).

Es grüßt Ihre liebe Frau und Sie ihr C. Marx

26. 12. 78

Lieber Kollege Dr. Hütt!

Nun ist das Weihnachten soweit vorbei. Unsere ersten Vorfahren nannte man noch Sammler, sie suchten Tag für Tag ihre Nahrung mühevoll zusammen. Ich muß immer daran denken, wenn ich die doppellangen Schlangen zum „Fest" sehe. Was da so eingesammelt wird! ... Es ist zum Schreien ... Ein paar Tage lang versuchte ich Mohrrüben und eine Büchse Tomatenspaghetti zu kaufen, doch wenn ich in irgendeinen Gemüseladen kam ... knallvoll, früh bis abends. Dann gab's wohl nichts Exquisites mehr, und die Läden waren leer, ... (14 Tage vorher werden die Hände schon geschüttelt „Frohes Fest" und tief in die Augen geblickt. Als würde da was Unerhörtes vor sich gehen ...)

Aber ich selbst bin nicht beteiligt, deshalb ist mir wohl alles von Jahr zu Jahr komischer. Doch der Spott zahlt sich immer aus ... Wenn ich „Arschlöcher" schimpfen kann, dann flutscht die Arbeit, schon immer. Wären die Funktionäre nicht immer so saublöd gewesen, hätte ich nie so gute Bilder gemalt ... „Euch werde ich eins aufbraten", und dann setze ich alles ran ... und so habe ich in der heiligen Nacht die Pinsel rauchen lassen ... Habe jetzt gerade die zwei letzten Bilder stehen, die ich morgen zur Foto-PGH bringen will. „Die Puppenspielerin", in der Farbigkeit und überhaupt an das „Katzentheater"[94] erinnernd. Und „Is was ...?" II. Fassung[95]. Bornierte, Sex und dagegen ein A-Bomber. Nur eine alte Kuh auf der Wiese ahnt und blökt. Diese 2 sind für Schwarweiß-Fotos vielleicht ergiebig. Meine anderen neuen sind reine Farbe, – *(...)* Ich wollte überhaupt nicht einsenden[96], weil hier doch was ins Auge geht ... Von jedem Mitglied ein Bild-Repro, ohne *(...)* Jury ...? Man weiß doch, wie angenehm Schwarz-Weiß wirkt oder wirken kann, und (wie man) dann vor'm Original auf den Arsch fällt. Penetrante Malerei *(...)*. dann muß es eben ausgestellt werden, es ist ja im Katalog ... Ob das nicht eine Wald- und Wiesenausstellung werden kann? Na, ja, man muß mit dem Katalog der murrenden, halb-

verzweifelnden, starken Gruppe der bei der VIII. Abgelehnten Zucker geben. Endlich mal wieder da.
Na, ja, ist faktisch nicht schlecht. Vielleicht nur Spinnerei von mir.
(...) Ja, ich selbst bin wieder in meine Igelstellung gegangen, nehme an nichts teil, weder an Bauhaus-Colloquien noch *(an)* Galeriegesprächen, noch *(an)* Ausstellungen. Man wollte mich aufs Kreuz legen, da übe ich erstmal Distanz ... Dies, um aufzuzeigen: Die gegenwärtige Situation erreicht mich nicht ... Kann nichts sagen ...
Ja, es wäre sehr schön, wenn Sie irgendwann einen Besuch machen. Hat Zeit, läuft nicht weg, wo Sie so engagiert sind.
Habe nun wieder eine Reihe neuer Bilder. Bin jetzt an „Die Trinkerin", eine appetitliche Mollige, doch leider süchtig ... Habe schon ein anderes „Die Stromschnelle oder die Süchtigen"[97] (werde wohl moralisch ...). Aber auch die „Süchtigen" wird man sicher gern unter den Arm klemmen und mit nach Hause nehmen. Der Henschelverlag hat sich gemeldet ...! Es geht um ein Zirkusbuch. Und ich habe zugesagt ... na klar, ich mache bei solchen Dingen eben gern Rabbatz, damit man sich Gedanken macht. Doch wenn eine Frau so liebenswürdig schreibt ... *(...)* Sie möchten „Der fliegende Esel", farbig. Würde mich freuen. Der dunkelblaue Hintergrund läßt die Farben u. Figuren gut aufleuchten.
So ... nun genug. Also, wenn es mal paßt, schreiben: Bei mir liegt nichts vor ...
Und nun ein Jahr in Gesundheit, ohne Ärger, voller Arbeitslust. Ihrer lieben Frau und Ihnen für 1979 ... herzlich Ihr C. Marx

17. 8. 79

Lieber Koll. Dr. Hütt!
Ebenfalls herzliche Geburtstagsgrüße, und mögen Sie es noch erleben, daß der gesunde Menschenverstand mal wieder Allgemeingut wird. Also, man löst eine Karte nach Darmstadt und gondelt los. Und nicht immer hört: Ja, bitte, das ist Ausland … Wie schade um Ihren Besuch, wo ich gern Ihre Meinung über die Kollektion für die Bez. Ausstellung gehört hätte. Ja, ich bin tagsüber viel auf Tour. Ganz früh, und dann abends, wird gearbeitet, sonst draußen. So war gestern A. Hünecke vor der Tür, als ich vom Einkaufen kam. Eine halbe Stunde später – und Partie zur Adria – bis abends.
Die meisten Kollegen sind wohl mehr an die Wohnung gebunden, also fast immer zu erreichen.
Ja, Hünecke hat im Schloß Mosigkau eine Ausstellung aufgebaut, die *(…)* „Lockerungs-Massage für bierernste Kunstbetrachter" ist: „Plastik und Objekte von Malern". Erstaunlich, was er da zusammengetragen hat. *(Man ist)* fassungslos oder empört „sowas" aufzustellen, als Kunst, oder man amüsiert sich wie Bolle, oder sie (also die Betrachter) bekommen einen Einblick, was so alles zu erfinden ist, ohne daß es direkt was antreibt. Und manche bekommen Appetit, auch sowas zu arrangieren … Meine 2 Plastiken[98] sind auch dabei. Da der Platz plötzlich leer war, habe ich gleich eine neue gebaut. Seltsamer Weise sind mir diese Figuren mehr verbunden als die Figuren im Bild. Merke dies erst jetzt an der neuen. Sie ist natürlich voller Spannung und Bewegung. Und eben frech … Werde jetzt ein Bild vom „Alex"[99] beginnen, 2 hochgestochene Figuren auf dem hitzeheißen leeren „Alex" in Begleitung eines Sekretärs (Tierparksensation).
Ihrer lieben Frau meinen Dank, weil mir Ihre Wünsche richtig zu Herzen gehen …! Ihr C. Marx

26. 12. 79

Lieber Kollege Dr. Hütt!

Ihren schönen Kalender mit dem Altmeister einer großartigen Zeichenkunst, aber auch einer so duftigen Malerei[100] *(habe ich erhalten)*. Diese Strukturen, die Lichter in seinem Selbstporträt, kann man nur fassungslos betrachten. Doch da sind junge Grafiker, die wohl sehr genau erkannt haben, wo Gewicht zu jeder Zeit entstand, nämlich in einer enormen Arbeitsleistung und Hartnäckigkeit, und *(die)* dem Minutiösen, Feinkörnigen *(in den Bildern)* des A. Menzel Beachtung schenken.

Ja, Zuhaus ist es nun ruhig geworden. Mein Vater ist doch am 23. Sept. gestorben. Er wollte nicht mehr. Das Gleichgewicht fehlte, das Augenlicht war auf einmal fast weg. Nicht mehr in den Garten, keine Sonne, nicht lesen. Es waren noch harte Wochen, und auch bei mir stand es auf der Kippe. Doch wer nimmt einen 93jährigen? Kein Pflegeheim, kein Krankenhaus. Am letzten Tag noch zum St. Joseph-Krankenhaus, doch in der Nacht verschied er. Er hat nun seine Ruhe. Ich habe mich auch wieder etwas stabilisiert, das Herz war überanstrengt. Hatte ein gutes 1/2 Jahr nichts arbeiten können. Nun drängt es, Gott sei Dank, muß man sagen. Die Gedanken werden wieder normal. Und der Malduktus ist nicht unterbrochen. Ja ... wir haben uns lange nicht gesehen *(...)* So ein Jahr ist manchmal weg wie nichts und man ist dann in der Schwebe und hat mit sich zu tun. Die Ausstellung des Bezirks Halle[101] hat mich etwas unwirsch gemacht. Ob Katalog oder die ungelöste Situation in der Peißnitz-Halle: Lichtverhältnisse, dann oft kalt, also nasse Luft im Raum. Und dann steht Leipzig gegenüber: Katalog gediegener, dann eben die Räume, die Atmosphäre, das Licht, die Wärme, man schnuppert direkt Dammarfirnis. Hier strahlen die Bilder aus. Und in der Peißnitz sind bald 20 % Einbuße an Farbigkeit durch Licht von außen und Hängung usw. Warum, fragt man, kann das Dimitroff-Museum[102] ausräumen? Nun ist der Erfolg da ... bei uns hat man nachts nicht mal die Hallen geheizt. Ja ... und ... In der

MNN[103] z. B. 7–9 Publikationen von Prof. Max Kober nur über Malerei!! Sie haben mal angesetzt ... aus![104] *(...)* Malerei war wohl ein heißes Eisen. Das Publikum war sehr irritiert, *(...)* Na ja, vorbei ... In der Peißnitz-Halle stelle ich nicht mehr aus. Die Moritzburg muß wieder ran.[105]
So, das neue Jahr ergibt neuen Schwung und Frische, da freue ich mich schon. Ihnen wird es auch so gehen, deshalb ein gutes Jahr und Gesundheit, Ihrer lieben Frau und Ihnen, C. Marx

17. 8. 1980

Lieber Koll. Dr. Hütt!
(...) Ich habe versäumt, Ihren letzten Brief zu beantworten, wo ich Einiges hätte abbauen müssen!
Na, ja, die Zeit läuft weiter. *(Die)* Schreibfaul*(heit)* wird immer stärker, doch die Produktion ist stetig, wohl etwas skurriler, doch weiterhin mit großer malerischer Qualität! Die Bezirksausstellung, die ohne jede Resonanz bezüglich meiner Bilder war, ist nicht ohne Folgen geblieben. Ich wende mich nicht mehr an ein Publikum, z. B. „Is was?". Schließlich ist Atombomber-Thema als einziges in einer Ausstellung. Kein Stiefmütterchensträußchenbild!
Na ja ... male ich eben dafür „Die Schöne und das Tier".
So, jetzt geht's zur Adria ...!
Schön, wie sich Abertausende friedlich, ohne Zank, nebeneinander strecken und Wasser und Sand genießen, die kleinsten Nackedei's bauen kunstvolle Burgen, Häfen, und *(formen)* Kuchen ... Es macht locker und vertrauensvoll und macht – leider – für nur kurze Zeit die Pressenachrichten unglaubwürdig ...
So, lieber Dr. Hütt, hoffentlich ist alles fit für den Urlaub ...!
Ihrer lieben Frau und Ihnen herzliche Grüße Ihr C. Marx

27. 12. 80

Lieber Kollege Dr. Hütt!

Meinen Dank für den M. Schwimmer-Gruß und die guten Wünsche 1981. Ja, ich war vorige Woche in Leipzig bei H. P. Schulz *(...)* und wollte dann M. Schwimmer ansehen. Auf halbem Wege habe ich gestoppt und lieber die Weihnachtsmarkt-Vergnüger angeguckt, die so friedvoll einfachen Genüssen hingegebenen Bürger, die, wie eh und je, und sei es im teuren Leipziger Pelz, sich schmatzend die Finger und rundherum die Waffelfüllungen mit behender Zunge beleckten.

Ja, warum ich gestoppt habe. Mir fiel plötzlich ein, wie ich, seit 14 Tagen bald, Abend für Abend Pinselzeichnungen bimse. Manchmal 10 Blatt am Abend und eine, na ja, ganz gute ...! Alle für ein Plakat meiner Ausstellung im BAUHAUS November–Dez. 81. Hatte ein gutes vor 2 Jahren gemacht. Streng formuliert, starke Strichführung, bis 8 mm. Nun möchte ich so 10 Blatt von dieser Strenge als Auswahl haben. 2 Jahre keine Pinselzeichnung im großen Blattformat ... da muß es erst wieder im Handgelenk sein. Natürlich werden wieder 20–30 Blatt für den Verkauf dabei herausspringen.

Ja, und deshalb gestoppt: Siehst du wieder Schwimmer-Arabesken (Maxe möge mir verzeihen), bist du erledigt für die „Strenge" die du vorhast. Da bin ich dann eben *(...)* bezaubert. Na, ja, werden ja sehen, was dabei herauskommt. Galerie am Hansering[106] will doch im Juli–August (kleine Verkaufsausstellung) *(...)* eine Reihe Zeichnungen anbieten, weil ich nur einige Öler zum Verkauf gebe. In Karl-Marx-Stadt, Intelligenzclub *(...)*, Juni–Juli Handzeichnungen, eventuell den Zyklus zu Julius Hay „Haben"[107], Gouacheblätter, wohl um 1950, und ein paar Öler. Und da mein Kontra zur BAUHAUS-Berufsschule[108] ad acta gelegt wurde, kam die November-Ausstellung in Sicht. *(...)* Habe einiges Neues, und der Winter steht noch bevor. Habe (Mal-) Gründe „en masse" präpariert, und trocken da stehen, und möchte zu einem Sprung in neue

Formulierungen *(...)* ansetzen ...! Na, ja, so unbestimmte Vorstellungen, egal, mir juckts jedenfalls in den Fingern ...
Habe gestern eine Ölskizze beendet: „Bleibt denn ewig die Welt unmenschlich?“, wollte ja keinerlei solche Themen wieder aufgreifen, doch diese Weihnachten in dieser Umwelt, dieser ewige Weihnachtswunsch, und diese ewige Barbarei, überall und in allen Schattierungen, mit Christus und Buddha und ohne, ... Iran-Irak; Die Menschheit ist geisteskrank ...! Das frißt sich voll und liest dabei stirnrunzelnd von den Armen und Frierenden in Italien und sagt dabei zur Hausfrau: gib doch mal die Quittenkonfitüre, die is gut ...! Na, ja, ein Bildchen hilft da natürlich gar nichts. Wollte man bösartig sein, müßte man sagen, da hilft für die Satten nur ein Erdbeben ...
Na, ja, das kleine Format (also die Ölskizze) werde ich mit für die Ausstellung in der Roten Turm – Galerie[109] für Februar *(...)* anbieten *(...)*
(...) A. Hünecke wollte wohl was für die „Bild. Kunst“ schreiben. Er hat mir aber nach 5 Wochen noch keinen Pip geschrieben. Damit kann man auch nichts machen. Ich werde mir einen Blitz-Apparat anschaffen und ein Sortiment von Farbfiltern! Und dann so damit experimentieren wie Moholy-Nagy und Peterhans es im Bauhaus jahrelang taten, und zum Beispiel einen Kandinsky 10 mal und mehr ausfiltern. Ich habe da ein grünes Gesicht und einen brennend roten Mund *(...)*. Im Foto eine graue Fläche, kaum eine Helligkeit des Mundes ...!
Nächstens mehr. Ihrer lieben Frau und Ihnen. Ich sage nur Gesundheit für 1981. C. M.
Frage ich Fotoleuten nach Filterarbeit, gucken sie blöd, sagen, die Filme seien jetzt so gut.

23. 4. 81

Lieber Kollege Dr. Hütt!

Recht schönen Dank für Carl Crodel[111], oder Charles ... Es tut gut, ihn mal wieder zu erleben, und man wird sich nun bewußt, wie oft man an seine Bilder denkt! Meistens, wenn es nach Unerfreulichem gilt, sich wieder einzustimmen ...! Dann denke ich an die Blumengebinde, wie übers Bild gespannt und dazwischen diese wirklichen Kinder, naiv, fröhlich und dicklich *(...)*. In den fünfziger Jahren war eine Ausstellung im Hause am Waldsee[112], da konnte ich mich im Kreise drehen. Überall spürte ich die Gemeinsamkeit des Denkens und Erlebens. Ja, ich bin auch so einer. Deshalb ist es eine gute Tat, ihn jetzt vorzustellen, wo die Gewichte der Waage so extrem hoch und runter pendeln ...! In seinen Bildern ruht die Welt, wie wir sie uns wünschen ... Keinen Aufwand, nur richtig menschlich leben ...

(...) Ja, wo ist so ein Maler bei uns, der die jungen Leute Einfachheit lehren könnte. .... Ich denke da an Kurt Bunge[113] und seine Bilder. Schade. Er könnte dies fortsetzen.

Ja, ich bin diese Monate wenig zur Ruhe gekommen. Meine Idee, zum 70. Geburtstag auf die Pauke zu hauen, bumst nun auch auf meinem Kopf ... 3 Ausstellungen: K.-M.-Stadt, dann Galerie am Hansering und BAUHAUS wollen gefüttert sein. K.-M.-Stadt braucht ca. 40 Blatt Grafik DIN A 2, doch ohne Verkauf, auch die Galerie will 20-30 Blatt, aber Verkauf, dazu eine Reihe Öler (2tes Sortiment), dann 2 BAUHAUS-Plakate, die als Poster verkauft werden, figürliche Pinselzeichnungen, auch die Galerie will ein Plakat, und sie bringen ein farb. Kunstblatt DIN A 2 in Offsetdruck „Die Konkurrenz tritt an"!! Da mußte ich ganz schön „fabulieren". Neue DIN A 2 Pinselzeichnungen, ca. 40 Stück, sind nun da. Doch um Qualität zu haben muß ich ca. 100 – 120 Blatt produzieren, und ich war Jahre raus aus dem Großformat. Und alle wollen nun eben um diese Zeit alles haben *(...)*. Na. Ja, ich habe es soweit unter Dach. Und da ist es gut, wenn man eben an Charles Crodel

denken kann. Dann bleibt man heiter!
Ihrer lieben Frau und Ihnen herzlich Ihr C. M.

10. 12. 81

Lieber Kollege Dr. Hütt!
Nun sollte ich heute Papprollen bekommen für's Plakate übersenden, doch – erst nächste Woche. Dann schicke ich die Poster von der BAUHAUS-AUSSTELLUNG und Plakate von der Halle-Galerie. Deshalb erstmal die Einladungskarte. Ich gebe unten die Öffnungszeiten an. Denn jetzt soll man Zuhause bleiben. Die Straßen sind ja reines Eis. Bis Ende Januar ist ja Zeit. Morgen früh ist Transport der Bilder. Ja, die Mensa[114] ist ein toller Ausstellungsraum, Stellwände und dazu sehr niedrig. Na, ja. Jedoch 2 lange Wände, da werde ich einen lebendigen Farbakkord aufziehen. Natürlich sind die „Spitzen-Veteranen" dabei. Die große Anzahl sind 1976–80 und 1980 entstanden. Ein 1981er ist vorgesehen „Die Versuchung des heiligen Antonius". *(...)* Antonius ist ein Typ von heute. Ca. 35 Ölbilder und ca. 40 Handzeichnungenn, DIN A 4, Pinsel, farb. Filzstifte und Kugelschreiber auf Glastische aufgelegt. Na, mal sehen, wie die Dessauer reagieren. Gespannt ist ja schon ein Großteil der Kunstinteressierten.
Ja, mit der IX. Dresden[115], da forciert man ganz schön. 800 Aufträge, hört man vom Magdeburger Bezirk, Arbeiterbilder, Arbeiterklasse ... nichts Belangvolles will man, usw. Ja, aber Arbeiterklasse habe ich garnicht, da werde ichs lassen und wohl gar nicht erst einreichen. Außerdem habe ich beim letzten Mal auf der Peißnitz geschworen, dorthin kein Bild mehr zu geben. Zu feucht. Zwei meiner Bilder haben einen schönen Drall *(...)*, nee, da lasse ich die Finger davon. Na, und überhaupt: Seit 10 Jahren, nach internationalen Ausstellungen, erscheinen in allen Publikationen immer perfekt die gleichen 6 Namen, *(...)* 6 Mann, nie einer mehr. Da sollen sie doch in

Dresden einen hübschen Raum mit den Sechs füllen, als repräsentative Schau, billig, und die Anreisenden haben 3 Stunden Zeit mehr für Restaurant und Kaffee ...
Bis nächste Woche mit der Rolle ... Herzliche Grüße Ihrer lieben Frau und Ihnen C. M.

27. 12. 82

Lieber Freund W. Hütt!
Lange ist es her ... habe mich sehr über Ihren Brief gefreut ... Ja, der Sommer war mein Sommer, heiß, um knusprig zu braten, und früh und abends war's Malen dran ... weil ich allerhand vorhatte und auch gute und neue Ideen hatte ... Nun hatte ich die naive Vorstellung, nach der wirklich gut gemachten Bauhaus-Ausstellung könnte ich im „Marstall"[116], also Akademie, mit meinen Gesamt-Bildern ausstellen ... (Weil ich die Räume mag, nicht so groß, dann geht man die Treppe runter ... und so fort ...) Doch, obwohl sie dem Akademiesekretär gefiel: die Klausel – und ich sehe das ein – nur Professoren oder korrespondierende Mitglieder ... Doch ich war einmal im Schwung ein Spektakel zu machen, da habe ich die Auktion in der Hansering-Galerie organisiert. War verärgert. Keiner war scharf auf meine Ausstellung im Bauhaus, da dachte ich damals: dann wird der ganze Plunder verschallert ...! und zur Auktion gab ich auch gute, lang bekannte Bilder. Nur war eben sowas ein Risiko ... Zeitpunkt u. auch andere Aspekte. So schrieben einige Kunstfreunde: Wir kommen lieber ins Atelier und kaufen die klassischen Bilder ... Na ja, doch die Spitzenbilder bleiben erstmal ...Habe dem Gesundheitsamt 3000,-. M *(...)* für ein Heim in Dessau für geschädigte Kinder überwiesen. Sie wollen einen Fernseher kaufen (es ist noch keiner da) *(...)* Sie haben sich sehr gefreut ... und ich auch ... Male jetzt einen „Sündenfall", zeitnahe, mit Typen junger Leute von heute, in zeitfrecher Situation.

Da freue ich mich, wenn Sie nun endlich die Ruhe für sich erreicht haben, denn aktuelle Kritik oder Betrachtung wird wohl auch immer schwieriger. Zum Beispiel, was zur IX. Dresden geschrieben wurde, auch in der „Bild. Kunst". Es dreht sich immer um ein paar Leute, dann ist eine Leere ... Ich gucke nicht rechts, nicht links ... male und bin sehr zufrieden. Das neue Jahr gibt wieder Schwung ... Vielleicht ist dieses oder jenes im Kalender. Habe eine Kalendergeschichte (auf Wunsch) gemacht!
Nun Ihrer lieben Frau und Ihnen: Ruhe und Gesundheit ...
Herzlich Ihr C. M.

3. 12. 83

Lieber Wolfgang Hütt!
Nun wird's aber Zeit ... Immer wieder muß ich „Trödler" dies schreiben. Doch Ihr Buch hatte da eine Barriere gebaut ... und ich konnte sie erst durch Ihren – so gewichtigen – Dokumentar-Kurzfilm[117] ... in der „Bild. Kunst" beiseite schieben (doch darüber am Schluß!)
Ja, heute morgen schrieb mir Dr. Opitz vom Bauhaus u. anderem: „eine wahre Rehabilitation für Sie und andere Maler ´jener Zeit´", zur „Bild. Kunst" (wo er weiß Gott mit Stellungnahmen vorsichtig ist und sein muß ...), also hochwirksam! Und ich war verblüfft geradezu, wie ich erst mal so beiläufig durchblätterte, aber gleich hängen blieb ... und dann „Kompliment" sagte ...!! Weil er durch seine Nüchternheit so intensiv wirkt in Fakten aus Presse und sonstwo ... keine persönliche Stellungnahme ... richtig trocken, der Bericht ... ABER da sträuben sich die Haare, was da offiziell, ja lauthals an Ungeziefer-Vernichtungsmittel gesprüht wurde ...! Ich las nochmal im Duden 1964. Dekadent: „heruntergekommen, entartet ..."! Also Nazi-Nachlese ..." Ein enorm wichtiger Beitrag ... Schade, daß unser lieber Karl Völker dies nicht mehr lesen kann, dieser kleine, drahtige Bursche, voller Ironie und Herz,

wie Dreck am Stecken behandelt ... und jetzt einer der stärksten Asso-Leute ...![118] Beschämend, bis zur Akademie der Künste. Herzlichen Dank für diesen mutigen Einsatz (und klugen). Ich weiß nicht, ob ich es Ihnen erzählt habe: betr. Kay Brockdorf, der doch vorher schon gewütet hatte in einer Jury. Vor ein paar Jahren war Gitta Nickel mit dem Defa-Dokumentar-Drehstab bei mir. Beim „Katzentheater"[119] erzählte ich, wie im „Augenzeugen" das Bild zum Schluß erschien und dann immer schneller drehte, rotierte ... und der Sprecher dabei sagte: „jedenfalls, diese ganze Ausstellung war ein Katzentheater ...! Ein alter Kameramann *(...)* bestätigte, er wäre bei dieser Chose dabei gewesen ... Als ich dann von der üblen Tour – unmenschliche Bilder – des Kay Brockdorf erzählte, sagte er, der ist jetzt aus der Partei ausgetreten, weil er diese *(gegenwärtige)* Kunstpolitik nicht billigt ...! Na, ja ... Ja, der Werner Steinberg hat da jetzt „Bruchstück" herausgebracht[120] ... Ich sage dazu, tränenrührende Schnulze ...! Außerdem heimtückisch ... Vor Jahren hat er mich mal ausgefragt, bis ich merkte, er sucht Stoff, da wurde ich stumm *(...)* Dieses Wenige hat er als Grundlage benutzt, doch *(...)* aus dem Maler und Bauhäusler eine kaputte Type gemacht, schwächlich und süchtig, pillensüchtig und borniert. Er läßt den Maler wie besoffen auf dem Bauplatz rumschwanken, zum 1. Mai im Umzug umkippen (wo ich damals fit war, 3 Betonmischmaschinen, große Brocken, beschüttete)[121], dann zum Schluß den begehrten Auftrag der Mosaiksäule[122] borniert ablehnen, während ich sie ausführte, 3000 Mark kassierte und einige Jahre unabhängig gemalt habe, was er genau weiß, der Steinberg. Jeder in der DDR weiß: Es gibt nur einen Maler, der am Bauhaus war, und heute noch produktiv ist, das ist Marx ...! Und der macht mich zur kaputten Type! Der normale Leser sagt nun ... na bitte ... Formalisten damals mit ihren grünen Gesichter-Bildern waren kaputte Typen, darum solche Bilder. Er gibt damit den damaligen Machenschaften der Kultur-Funktionäre recht. Hat er im Auftrag gehan-

delt ...? Ich habe ihm Pfeffer gegeben ... er schrieb, er wolle nicht darauf eingehen!
So ... weil wir bei der Literatur sind ...![123] Vorerst: Ihr Werk ist wirklich ein Werk ..." Eine Lebensspanne dieser ungewöhnlichen Zeit, echt und dicht aufgezeichnet, von großem historischen Wert, weil es unverfälscht nüchtern ist, aber ungemein gefangen nimmt. Man nimmt Teil an der über Holperpflaster ziehenden Entwicklung eines Menschen, der zwischen uns lebt. Es wird jungen Menschen einiges zum Nachdenken geben. Ja, und das ist der Punkt, wo ich bockte ...
Man kann eben nicht schreiben, daß in der väterlichen Wohnung im Flur am Garderobenhaken die Stahlrute hängt, wie üblich in der Manteltasche der Schlagring. Leider muß ich verallgemeinern: Erfahrungswerte ...
Goldberg war mein Freund aus der Schufo (Reichsbanner).[124] Prügelnd zog man[125] durch die Straßen, er mußte Plakate abwaschen ... Er tauchte nie mehr auf ... Jude! Kurt Krüger war mein Freund aus der SAJ, er war Baumaler, er bekam Knüppelschläge über den Kopf – verblödete – ging ein ... 1935 lag im Krankenhaus neben mir ein Schneider – SA-Mann – er war 1933 im Roßlauer KZ Wachmann. Wie eine lustige Episode erzählte er: ein Bibelforscher sollte 40 Schläge bekommen ... beim 30ten brach der Stock ... Jehova hatte geholfen, hätte der Bibelforscher gestöhnt. Biedermann Schmitz, ein heimtückischer Schläger und mehr, Spitzel, bis 1935 hatte er eine Getränkebude in Ziebigk. Noch 1970 sagte mein Vater immer ... da, an der Ecke, bei SA-Mann Schmitz ...! *(...)* Das waren die Gefährlichen, die Kasernierten, denen man Waschkörbe mit schinkenbelegten Brötchen brachte, waren aber nur Schläger. Na, ja, Wolfgang Hütt ... Sie mußten ausklammern ... Ich habe noch heute diesen und jenen auf dem Korn ... Ihr C. M.

Kleiner Nachtrag: Zu Ihrem Vater! Man wurde gepreßt, wenn man ein guter Familienvater war – und vielleicht konnte man sich auch weitgehend raushalten ... Es war meine

Reaktion, wir brauchen, bitte, nicht nutzlos darüber plaudern!
(...) (Alles) Herzliche an Ihre Liebe Frau und Ihnen, C. M.

8. 1. 84

Lieber Wolfgang Hütt!
Nun schreibe ich so spät *(...)* Ja, die Hochschule wollte ankaufen, doch ich hatte ja in der Hansering-Galerie gut verkauft und konnte eine Schenkung machen. Sie wissen ja, wenn man ewige Jahre „knapp" leben mußte, wie so etwas gut tut ...! Ich schrieb, sie könnten dafür einem jungen Kollegen, der was draufhat, eine Arbeit abkaufen. Überrascht hat mich ja der Kauf der Akademie der Wissenschaften. Denn es ist ein freches Bild, so 20er Jahre *(...)* aber gut gemalt ... blau-grüne Tendenz und ein brennend roter, breiter Mund. 3 Figuren. Gut von der Geraer Galerie, die Folge „Zirkus für Kinder" von 1953[126] in Berlin vorzuführen ... Und in Halle und Dessau überschlug man sich schon. So bekam ich 1951 vom Hydrierwerk Rodleben eine Wandbild-Ablehnung. Kothe, Hugh und Schmied waren politisch klar. Sie würden den Auftrag bekommen, und schrieben nochmal die Freiheit-Kritik: „man führe die Werktätigen vor das von Marx gemalte Bild ´Hydrierwerk Rodleben´ und sie werden sich beleidigt abwenden ..."
Ja, lieber W. Hütt, ich muß mich wirklich entschuldigen, was ich da manchmal abschieße oder raushaue.[127]
Ja, „Hasenclever"[128] ist überraschend informativ für die Jahre um 1848. Und durch diesen so standhaften Maler bekommt diese Zeit blutvolle Substanz, die Historie bewegt einen jetzt, der Mut der Arbeiter im Bilde *(...)* festgehalten[129] ... und auch die politische Arbeit Freiligrath-Marx. Wie verblüffend die Odyssee des Bildes, nach Amerika und dann wieder zurück! Und dies in den paar Seiten lebendig gemacht *(...)*.

So, und nun auch bei Schneeputsch gute Laune für's 1984er, Gesundheit und viele so gehaltvolle Veröffentlichungen. Ihnen und Ihrer lieben Frau Ihr C. M.

29. 8. 84

Lieber Wolfgang Hütt!
Nun wird es aber Zeit zu antworten und nachträglich alles Gute zum Geburtstag zu wünschen. So ein Jahr ist manchmal so lang, wenn man unwillig ist oder aufgestört wird in seinem Vorhaben! Doch ist der 18. August ran, ist man platt, wie der Sommer zwischen den Fingern durchgerutscht ist …
Nachdem ich 3 Monate nicht malen konnte, bin ich dann aber „ran an die Bouletten", wie der Berliner sagt. Für die Hansering-Ausstellung und Bezirks-Ausstellung. Nun hatte leider die Galerie den Termin 3 Wochen vorverlegt (sollte wohl Ehepaar Möhwald vor mir ausstellen). 4 od. 5 gute Kleinformate schaffte ich nicht mehr und weil ich unwirsch war, fiel die Auswahl der älteren, gestandenen, vage aus. Na, ja – man kann sowieso nicht 4 Jahre hintereinander Personalausstellungen in Halle machen. Es gibt ja schließlich auch für den Marx-Fan gute Maler in Halle, wo sie auch einkaufen können. Montag habe ich die Arbeiten für die Bez. Ausstellung rüber gebracht. 5 Bilder *(…)* Titel, aber auch die Schau selbst, sind gar nicht so ohne …!

„Leda mit dem Marabu"[130]
„Warten auf Eruption"
„Wildschwein in Aspik"[131]
„Die Lieblingsfrau des Affenkönigs"
„Kreuzabnahme"

„Warten auf Eruption": Sensationslüsternheit ist größer als das Verhängnis. Man wartet nur – pervers …? Alles in der Welt wartet nur, vergnügt sich angesichts eines Aschenregen-Todes. Neue Raketen verhindern Eruption??? Na, denn …
„Kreuzabnahme" ist bis in die jüngste Gegenwart Spiegelbild

der Fragwürdigkeit menschlicher Moral, ja, Menschlichkeit. Ob Jesus, der alte Mühsam, Ossietzky, Thälmann, Allende ... Sie mußten allein sterben oder geschändet werden. Keine menschliche Kraft konnte sie schützen. Ja, hinterher ist man da, wäscht den Leichnam, bedeckt ihn mit Kränzen und Schleifen ... Ideologie – insgesamt – ist entweder todbringend oder verrucht mit ihrer Menschenjagd ... deshalb dieses bittere Bild. „Wildschwein in Aspik". Eine Frau wollte ein Stilleben von mir ... Da dachte ich an die Holländer ... tote Fasanen, Hühner, Hasen usw. Bei meinen Waldgängen bin ich so manchem Brocken von Eber oder einer Sau mit Frischlingen begegnet. Also ein Wildschweinkopf mit ´ner blauen Rose als Drapierung ... dagegen ein zarter, bläulich-weißer Rücken einer Schönen.
Ja, und den Affenkönig ... den gibt's im Hallenser Zoo hinter Glas. Es sind Husaren-Affen, aufrecht stehend, wie ein 12jähriger Bursche aussehend, rank und schlank ... Wie viele Frauen fallen auf echte Affen rein!!
Na, ja, und Leda ... will ja auch mal was anderes – so'n eifernder Schwan – ewig von ihm umklammert ...
So'n Marabu hat andere Potenzen ... Jetzt ist die Sonne endlich Vitaminspender.
Nächstens mehr, Herzliche Grüße Ihrer lieben Frau und Ihnen
Ihr C. Marx

29. 12. 84

Lieber Wolfgang Hütt u. Ihrer lieben Frau!
Ihren Brief erhalten und er hat mich sehr berührt ... Weil da in allen Worten etwas schwingt, was uns beide (und sicherlich nicht wenige andere) immer wieder erfaßt und *(was wir)* mit großem Aufwand abschütteln müssen. Bedrückendes. Jeder von ganz verschiedener Art ... und doch ist dieses Verkraften, um nicht negativ zu werden, immer wieder von Bedeutung.

Man wird aggressiv sich selbst gegenüber, um nicht zu ertrinken. Und dies fließt in unsere Arbeit, unsere Haltung. *(...)* Ja, und trotzdem, worüber ich selbst erstaunt bin, macht die Wut produktiv und kompromißlos. Das Arbeiten am jeweiligen Bild stößt alle Miseren radikal ab und verdrängt dadurch eine Überreizung. So sind die Bilder der Peißnitz-Ausstellung im Frühjahr entstanden *(...)* Doch, lieber Wolfgang Hütt, wir haben Verbündete, normale, wunderbare Menschen. Gerade gestern Abend sah ich den Zeichentrickfilm „Asterix erobert Rom" (franz.). Farbstark, ein zauberhafter Lebensmut voller Humor und Zuversicht, läßt ein Dörfchen gegen die böse Gewaltmaschinerie Roms Sieger werden ...!! Für Monate ist man wieder gestärkt, um herausfordernde, fröhliche skurrile Bilder zu malen ... Ich hatte im letzten Monat, bis gestern, soviel Zweifel und Unbehagen an unserer Kunstlandschaft – mitsamt meinen Bildern, ist mir alles plötzlich Wurst. Bilder haben wir zu malen, die die Menschen normalisieren, heiter und friedlich machen ... Für den Jahresbeginn habe ich Platten präpariert und eine Reihe frischer 1985er sollen entstehen! Ja, im Frühjahr machen wir was aus! Nun Mut und Gesundheit Ihrer lieben Frau und Ihnen, Ihr C. M.

21. 8. 85

Lieber Wolfgang Hütt!
Erstmal vielen Dank für Ihre Gratulation ...und die zu Herzen gehenden Wünsche und ehrliche Meinung. Geradheit ist das Wichtigste, um locker und tatenlustig zu bleiben...!
(...) Sonnabend (als Geburtstagsgeschenk) bin ich nach Berlin ... Es hat sich mehr als gelohnt .... Max Liebermann!! Moderne spanische Malerei!! Alfred Hrdlicka, Plastik, Grafik!! Volkskunst aus Kuweit *(und)* Syrien. Ja, Liebermann ... Qualität! Dieser Strich, sprühend lebendig hingeworfen, dann gesetzt, gediegen! So gaben mir auch Hrdlicka's Grafiken

neue Anstöße. Eben gediegen, dicht, auch vom farbgedämpften Dunkeln heraus ... Die Spanier – teils, teils: Ein paar Großformate, *(...)* „scheinbar" gegenstandslos, doch fesselnde Vorstellungen erzeugend ... Das kam mir genau entgegen. Mein großes Vorhaben!! 1986 (also 75. Geburtstag) im BAUHAUS, neuer Ausstellungsraum (Festhalle) mit 4 großen Wänden – also 4–6 1,20 m Großformate!! Es juckt mich wie noch nie!! Nächstens mehr darüber.
Herzlich Ihr C. M.

24. 12. 85

Liebe Frau Hütt, lieber Wolfgang Hütt.
Draußen ist es friedlich *(...)* Habe soeben Ihren Brief gelesen und vor mir steht das Großformat einer Berliner Stadtsituation. Rechts der Dom, Neptunbrunnen und Palast der Republik. Die Proportionen sind eigenwillig, ebenso die Farbigkeit, der Dom, also die Kuppel, wirkt wie Glas, als wäre innen ein farbiges Deckengemälde. An einem Besuchstag (ich war vier Sonnabende dort) stand eine exotische u. erotische Schöne mit Kind vor dem Brunnen, Ägypterin, mit roséfarbenen Kaftan. Sofort war geistig das Bild da: „Neptun und die Ägypterin", Neptun dreht den Kopf und schmunzelt ...
2 Langformate sind soweit fertig, 50 mal 125: „Die Töchter des Schaustellers" (Schießbude) und „Tiefsee-Aktion" (eben „äkschen", wie die jungen Leute sowas schau nennen). Will 8 solche Langformate machen, nenne sie dann Panorama-Bilder. Da läuft eine ganze Geschichte drauf ab. Der neue Ausstellungsraum im Bauhaus ist groß und langgezogen, da füllen dann diese starkfarbigen Formate den Raum. Will ca. 50 neue Bilder bringen. Eine Reihe kleinerer Formate steht schon da. „Der Halleysche Komet nähert sich der Sonne" kommt jetzt dran, dann „Beat-Street in Dessau" und „Kirche St. Nikolai und die Orangehaarige", mit Wasserspielen und

Halbstarken. Also, Themen sind genug. Werde Plakat und Postkarte von der „Musik“-Ausstellung im Alten Museum[132] senden. Diese Ausstellung (etwas reduziert) ist am 7. 12. *(...) (in)* Paris eröffnet. Da hängt das Plakat und die „Combo“. Ein schöner Erfolg. Dies gab auch den Schwung für das „hochstaplerische“ Vorhaben der Bauhaus-Ausstellung. Den Termin angesetzt und kaum ein Bild ...! Da kreist Tag und Nacht alles Denken um die Realisierung der Themen; Farbwerte ausspielen, jedes Bild eine eigene Farbwertigkeit. Da kommen andere Betrachtungen gar nicht mehr auf. Kann bis August und länger arbeiten. Oktober ist Ausstellung. Katalog wird nicht gebracht, nur Faltblatt u. schw.-weiß Plakat mit deftiger Pinselzeichnung. Vielleicht Farbplakat mit „Njet, sagten die Emanzen“. 4 frivole Frauen und ein verhinderter Christusbart-Mann.
So beschwingt wie auf der Karte das neue Jahr Ihrer lieben Frau und Ihnen, C. M.

11. 8. 86

Lieber W. Hütt!
(...) Ja, heute war *(...)* ein wichtiger Tag! Endlich nach bald 1/2jähriger Spannung das druckfeuchte Farbplakat zur Ansicht!! Ein Aufatmen ... es ist sehr gut!! *(...)* und auch Einladungskarte. Das Verzeichnis erweitert sich auf ca. 80 Exponate. Na ...? Habe ich kein Organisationstalent ...? Denn alle Druck- und Papiergenehmigungen, beschwatzen und spicken der Klischee- und Druckleute mußte ich erledigen ... Ja, was wird mit der Augustnummer der „Bild. Kunst“?[133] Voranzeige hat keinen Marx ...! Vielleicht 2 mal in einem engen Zeitabschnitt zu viel Ehre ... na ja.
Ich gebe das Bild „Olympia“ (jetzt erst fertig gemalt) mit erweitertem Titel „Olympia siegt über nukleare Drohung“, aktuell, für „Kunst und Sport“ in Leipzig 87! Dann werde ich

dem 1969 gemalten „Lateinamerikanischen Bilderbogen" *(...)* einen neuen Titel geben und (im Bauhaus) mit ausstellen. 1969 wurde ein Gewerkschaftsfunktionär mit Frau und Kind in Chile ermordet, bevor Allende im Amt war, dann Allende, und danach bis heute Morde, Morde ... Mein Titel „Chile 1969 Mord ... bis heute 1986 ... Mord ... Mord". *(...)* Die Ausstellung bekommt Gewicht. Ich werde eine Stunde früher in der Ausstellung sein, da ist's wohl gut, Sie kommen gleich zum Bauhaus. So, vorläufig genug. Ihre liebe Frau und Sie grüßt C. M.

17. 8. 86

Lieber W. Hütt!
Ihre, bzw. die Gratulation Ihrer lieben Frau mit Freude erhalten. Ich danke Ihnen für die „Offenbarung" Ihrer ganz persönlichen Gedankenläufe. Ja, was für Geschehnisse im Leben ziehen doch vorbei ... Doch dies souverän verkraftet zu haben, vieles mit Spott abgewiesen, dies alles gibt wohl das Gewicht meiner Bilder. Absolut unabhängig im Denken male ich mit hohem Genuß *(...)* und wenn sie gefallen, ... soll's mir recht sein ... Freitag haben wir ein Gütertaxi voll beladen und tadellos zum Bauhaus gefahren. Also ... ich glaube, es wird ein Galafeuerwerk ...! Als in dem langen Raum, helles Sonnenlicht, an der Hinterwand ein paar von den großen Formaten standen *(hatte ich)* zum erstenmal langen Abstand zu den Bildern. Also, das feuerte!! Den Raum werden wir mit Farbe sättigen, so, wie meine erste Vision war.
Montag früh geht's los, die Bilder stellen. Musik muß in jeder Farbe sein ...
Nun sehen wir uns am Sonnabend ...
Ihre liebe Frau und Sie grüßt C. M.

21. 12. 86

Lieber Wolfgang Hütt!

Jesses Maria ... sagte in solchen Situationen meine Mutter (denn sie war streng katholisch erzogen), wenn sie was vertrödelt hatte und nun wieder „einfädeln" mußte ... Ja, alles Mögliche war da zu tun, was mit malen nichts zu tun hat ... aber mit den Bildern!!! Na, dachte ich, wenn die „Bild. Kunst" rauskommt[134], faßt du alles zusammen. Denn ich war ja mächtig gespannt ... und ... es ist eine Wucht ... um wie die jungen Leute zu sprechen ... richtig überrascht über den großen Bildanteil, aber mehr noch über den lebendigen Fluß von Geschehnissen und Informationen ... frisch und verblüffend wie ein Tonbandinterview *(...)* Habe viele gesprochen, alle waren sehr beeindruckt. Auch die Farbwiedergabe ist gut. Auch „Puschkin" hat eine neue, eigene Farbigkeit bekommen, die mir bald besser gefällt, als die direkten Rot- und Orangetöne des Originals ... Es hat einen erotischen Duft. Auch die Druckqualität und Anordnung der Schwarzweiß-Repros ist genau richtig. Und doch hat es leider – nicht nur bei mir – einen Schock gegeben ...Meine Visage[135] auf dem an sich interessanten Foto (die Figuren), so ein Muff, träge, mißtrauisch, hat mit den daneben stehenden frischen Arbeiten nichts zu tun. Da gibt es eine Variante mit denselben Figuren von Danz damals, die besser, richtiger ist. Na, ja, man müßte eben alles durchsprechen. Eitelkeit eines alten Knochen ...! Der Beitrag ist für mich äußerst wichtig, durchschlagend bei einer Reihe wichtiger Leute in der DDR. Zur Festlichkeit – 60 Jahre Bauhaus – wo doch alles da war und dann beiliegende Postkarte – ca. 200 Stück signiert – jedem am Nachmittag beim Gespräch überreicht! Man kannte mich auf einmal, man schätzte mich gewichtig ein, hatte viele kleine Gespräche ... weil die „Bild. Kunst" rechtzeitig erschienen war. Man war orientiert und neugierig. Bauhaus hatte rechtzeitig eine dicke Sendung erhalten. Also, lieber W. Hütt, vorläufig meinen großen Dank. Wir hatten ja schon

besprochen ... mit dem Kollegentreffen irgendwann in Halle ...!!
(...) Kohlen sind drin, 45 Ztr., Produktion läuft farbstark ... alles o. k.
Elan für's neue Jahr an alle ... herzlich Ihr C. M.

12. 2. 87

Lieber Wolfgang Hütt!
Ja, die Zeit läuft weg und die Termine konzentrieren sich allein auf Anfang März ... Kunst und Sport, Gabrovo, X. Dresden und auch nun Schulz, Galerie am Sachsenplatz Leipzig. Er will nächstens kommen, mit Frau Gisela ... die kein Pardon gibt, höchste Qualität und 50 – 60 Öler! Na, ja, es wird hart hergehen, denn Galerie Hansering *(wird)* 20 Stck. „mindestens" gleicher Qualität bekommen, das steht fest!! Ja, Schulz möchte für den Katalog[136] (ich schrieb es wohl schon) Ihre Eröffnungsrede mit einfügen, weil sie ja so großartig und verblüffend spannungsvoll Briefzeilen zu Fakten formten ... (wie ja auch in der „Bildenden Kunst" Jugendgeschehnisse plötzlich hochaktuelle Bedeutung bekommen) ...
Ja, lieber W. Hütt, würden Sie den Beitrag, also Eröffnungsrede, für den Katalog zur Verfügung stellen?
Mein Ofen hat bis jetzt prima Wärme im ganzen Haus gespendet, mit Zeitaufwand und Geduld. Habe eine Reihe Langformate soweit fertig und bin beim Einspachteln einer Serie kleiner Formate. Beide Galerien sollen noch neue, vielleicht „weitergetriebene" zeigen ...!
Für's Jahr jedenfalls ausgebucht ... Doch es tut mir gut und auch den Bildern. Sie werden runtergeschrieben wie ein Erlebnis vom Tag vorher, keine Tüftelei, frisch und frech ... Weil auch im Mai das Atelier fast leer ist – dies aber nicht sein darf ...! Also müssen neue, kesse dastehen – und sind's nur 10 ... wie Kumpane, die gute Laune machen.

Für die X. in Dresden[137] bin ich noch nicht schlüssig *(...)* Gabrovo werde ich „Sozia-Eignungsprüfung" und noch eins (einreichen).
Na. Ja ... bis nächstens, herzliche Grüße an Ihre Frau und an Sie, Ihr Carl M.

21. 3. 87

Lieber Wolfgang Hütt!
Ihren Brief sehr erfreut gelesen, weil Sie berichten, was für die X. *(angenommen ist). (...)* Also, ich bin jetzt gut vertreten! Nun zuerst das Wichtigste auch für Sie: Wunderbar Ihr Beitrag für den Katalog, weil man nun in Ruhe alle Ihre raffiniert dosierten „Gags", möchte man sagen, immer neu erfrischend und verblüffend lesen kann. Sehr schön diese Einblendung mit Hans-Theo Richter und Marx als böse Formalisten. Habe erst am Donnerstag in Leipzig (Buchhandlung) eine Reihe H. Th. Richter *(...)* betrachtet ...! Dieses Hornvieh, dieser Rudolf Korn[138]... Also, Wort für Wort wird so Ihr Beitrag gedruckt ...!! Auch H. P. Schulz ist begeistert, weil es so beschwingt ist, Pointe für Pointe, und das Wichtigste, sagt er, weil es haargenau zu den Marx-Bildern paßt. Und! Noch nie waren alle Beiträge und Fotos so pünktlich beisammen. Donnerstag saß schon sein Mitarbeiter und tippte für den Katalog alles ab. Habe einen amüsanten Lebenslauf geschrieben[139], etwas abseits von Ihren Fakten und doch zusammengehend (Sie bekommen ihn in den nächsten Tagen). Doch auch Sätze wie „Scharfe Schüsse auf gute Bilder" gehen parallel mit Ihrer Sicht.
(...) Noch die Plakat-Frage lösen (Klischees habe ich da „Mann oh Mann"). Mir „kriwwelt" es jetzt schon, sehe den Klasse-Katalog da liegen ...!
Lesen Sie den „Sonntag"?[140] Nr. 12. Sehr gut gesehener Beitrag über Rummel-Schausteller-Konferenz. Weil ich ja gera-

de das Schausteller-Bild für die X. habe. Es sind Zauberer, realistische, nüchterne, oft banale Arrangements verzaubern sie zu einer neuen Qualität. Eine Reihe Blechbüchsen wird zur höchsten Belustigung. Vor langen Jahren hatte ich eine Freundschaft mit einer Schlangentänzerin (abends – am Tage hatte sie dressierte Mäuse). Kettensprenger und Ringer waren ihre Kollegen. Und auch ihr Vater akzeptierte mich, weil seine Tochter mich akzeptierte. Du bist anders, du bist Maler, sagte er. Es ist eine Art Kaste: Zigeuner, Zirkus, Schausteller, Illusionisten mit hohem Geschäftsgeist, ein Clan seltsamer Art. Der Rummel zog nach Zerbst und ich wurde eingeladen. Nun hatte ich 2 Tage vor dem Besuch – eine Auseinandersetzung mit einem Eifersüchtigen – ein blaues Auge erwischt. Mit dunkler Sonnenbrille traf ich abends ein und in einer Wirtschaft saßen alle beisammen, aßen, tranken, palaverten (üblich an jedem Abend). Nun hatte ich gute Storys aus der Wanderschaft, Landstraße, aber ganz andere. Dies interessierte sie: böse Bauern, gute Bauern, Speck, Schmalzkrapfen, aber auch Haferpaps im Kloster mit schwulen Mönchen …, da saßen sie und ich gehörte dazu … Als ich die Brille abnehmen mußte, schmunzelte sogar der Kettensprenger über mein blaues Auge. Du bist nicht zoff, sagte er. Und früh 1/2 4 Uhr zog alles mit zum Bahnhof. Der Arbeiterzug nach Dessau. Alles verpennte Frühaufsteher … Und die Schausteller nahmen immer wieder Abschied, als ginge ich nach Amerika … Doch die Zuneigung der Schlangentänzerin verblaßte mit der Entfernung. In Magdeburg wußten wir beide, es hat keinen Zweck …

Ja, und heute, nach dem Mittag, 13 Uhr, die Sonne schien warm, stand ich im Posteingang und hatte wieder eine seltene Sicht. Nun in die Gesichter einer auch verschworenen Truppe … Ballett! Dessau hat Ballettwettbewerb der DDR. Vom Training kamen mal 4, mal 2, wieder 4, meist als Paare, Tänzerinnen und Tänzer, die Frauen das Haar streng glatt gefaßt, Stiefelhosen, lange Mäntel, meist schwarze Beutel …

doch diese schmalen, kargen Gesichter, abgespannt vom Training, keine schönen, streng fast ... keine Sportlergesichter. Der Tanz braucht mehr als nur physische Kraft. Doch wie sie daherkamen ...! Die Schritte fest und kräftig, und Tempo ... Die Tänzerinnen mit nach außen gestellten Füßen und etwas breitgehend im Schritt ... Sie sahen nur geradeaus ... Ihre Partner redeten auf sie ein – oder erzählten ... Die Tänzerinnen sahen nur geradeaus ... Kein Wort ... Sie sind ja geforderter als die Tänzer! Mir schwant, es war eine äußerst wichtige Begegnung ... Diese Herbheit der Gesichter.
Nun Schluß für heute. Ich sende bald was Neues, Herzliche Grüße Ihnen und Ihrer lieben Frau, C. M.

22. 4. 87

Lieber Wolfgang Hütt!
Nun wird es mal wieder Zeit ... Habe beim Kramen ein „Zeitdokument" aus karger Zeit gefunden *(...)* Ich schrieb Ihnen doch über die Schausteller. Bin verblüfft, wie lange das Erlebnis, Kettensprenger und keusche Zuneigung zu der indischen Tänzerin, zurückliegt. Im Heft wird auch eine wirklich gute Tänzerin vorgeführt. Vor einigen Jahren beendete sie ihre Tanzlaufbahn und fertigte Bildervorhänge aus farbiger Wolle an. Wie im Kunstgewerbe. Und jetzt malt sie in Öl ...! Plötzlich ... expressive Spiralen zuerst, Masken darin und jetzt tauchen unverarbeitete Details der Weltkunst darin auf.
Chagall-Vogelgesichter und anderes. Peinlich? Plagiat? Spekulativ? Ich habe meine lange Freundschaft erst mal gesperrt *(...)* Ich fragte nach Zeichnungen, das A und O eines Beginnens *(...)* „Carl", sagte sie, „verlangst du vielleicht, ich setze mich in einen Laienzirkel und zeichne eine Flasche, einen alten Schuh?" *(...)* Hatte jetzt im Georgium[141] eine Ausstellung, „"Malende Tänzerin"„ gut besucht.

Nun haben wir ja auch bei jungen Leuten ein plötzliches Auftauchen als Abstrakte zu verzeichnen ... peng ... ich bin da ... Na, ja, totlaufen oder vernünftig aufbauen ...
Ja, Bez. Ausstellung für X. Dresden ... Es war glühend heiß in den Räumen (macht mich nervös, und meine Bilder verzogen sich). Ich war unwillig und hielt mich nicht lange. Mit meinen Bildern nicht zufrieden. *(...)* Es genügt nicht als Gesamt-Angebot. *(...)* Schon bei den neuen Arbeiten für's Bauhaus hatte ich's im Gespür: es muß was passieren ... Und jetzt bei den neuen für Schulz in Leipzig treibe ich es weiter ... *(...)* Hoffmann aus Graz sendete mir als Osterei „Marc Chagall: Mein Leben", Verlag C. Hatje, Stuttgart. Es berührte mich sehr ... In Armseligkeit und Bedrängnis „gesotten ...", und ewig leuchten Humor, Spott und Menschlichkeit.
Nun herzliche Grüße Ihnen und Ihrer lieben Frau Ihr C. M.

27. 7. 87

Lieber Wolfgang Hütt!
Wieder wird es Zeit ... Doch wieder war es die Unruhe, nun schon über Jahre, bekommst du die Reihe Bilder fertig, die ich Hansering versprochen hatte (12. 8. Eröffnung, Verkaufs-Ausstellung). Also ca. 10 taufrische! Nun stehen sie da ...! Soweit fertig. Und „ganz schön freche" wieder dabei *(...)* und ich bin gespannt, wie Käufer darauf anspringen Also, mittlere und kleine Formate. Dazu gebe ich ca. 10 andere, davon 4 von den Langformaten, die in Leipzig gut beachtet wurden, doch zu groß für neue Wohnungen sind. Nun bin ich es erst mal „satt", für den Markt zu produzieren, obwohl die Reihe, wie sie jetzt gerahmt da steht, mir etwas leid tut. Ich hätte mit ihr gern mein „Vakuum" wieder gefüllt, weil einiges mir gut gefällt. Na, ja, Hansering soll keinesfalls *(bloß)* ein Nachtrag Leipzigs sein *(...)* Doch solche Art Doppel-Versprechung mache ich nicht wieder. Betrachte ich allerdings meinen

Zustand, so möchte ich sagen, dieses auf Trab sein – Tag für Tag – bekommt mir sehr ...! Wie jetzt, so Tage ohne Aufgabe, macht triste. Da muß man getrieben werden. Ja, unser Gespräch bei Schulz hatte einen direkten Erfolg (wie überhaupt, auch im Bauhaus, die Leute mitbekommen, wer man nun so ist ...) Schulz sagte: Prof. Max Pommer (Chefdirigent Rundfunk-Sinfonie-Orchester Leipzig) hätte, weil es ihm gefiel, was ich über „Oberon und Titania"[142] gesagt habe, das Bild gekauft (er liebt besonders Mozart und Weber). Ja, 15 Arbeiten verkauft, 22.000 M Kasse für mich (Steuer schon ab). Gut, was? Etwas spät ... doch wer weiß, ob ich mit 50 Jahren *(mit dem Geld)* nicht komische Kapriolen geschossen hätte, wie man es bei jüngeren Kollegen verfolgen kann. Die Bestätigung tut gut. Ich kann *(jetzt)* auch Plakate und Farbrepros damit finanzieren und werde nun sehen, daß ich, schön ruhig, eine „Klasse-Reihe" aufbauen kann. Sonnabend waren 2 Westleute, Itzehohe, bei mir. Der eine war Techniker (toller Wagen), der andere *(...)* Maler... also, er kannte sich aus ... aber war verbiestert, eine Denkart, die man öfters *(von)* drüben hört. – Also, Malerei ist vorbei ... Alles schon dagewesen ... Was sollen Titel für ein Bild ... was soll der schwarze Hering (von Braque)? Ihre Bilder erinnern an den Russen Chagall, den mag ich nicht. Ja, ich mache Mikrozeichnungen von Versteinerungen ... Ich sagte ihm: Was sind Sie für ein Pessimist. Solange früh die Sonne auf geht, solange werden auch Bilder gemalt werden ... Wenn Sie noch Kataloge brauchen ... gern ... Ich habe über 100 gehortet. Grüße Ihnen und Ihrer lieben Frau, C. M.

18. 9. 87

Lieber W. Hütt!

Nun muß ich doch schreiben … Nahm an, wir könnten uns beim K. E. Müller-Treffen[143] mal länger sprechen. Doch es kam – peng, Eckhard Neumann – peng – reingeplatzt. Kam gerade mit dem Wagen aus Brüssel … ja, als wäre es nur so um die Ecke, mit seiner hübschen, schwarzen Tochter, und brachte eine Einladung für Brüssel! Briefkopf: Commission Francaise de Culture de l'agglomération de Bruxelles. Jedenfalls plant die CFC für April Mai 88 im Museum Moderne Kunst in Brüssel eine Bauhaus-Ausstellung in Zusammenarbeit mit der Kunstsammlung Weimar und dem Dessauer Bauhaus! Veranstaltungsreihe Theater, Film, Tanz, und eine Vortragsreihe …! Moderator: Eckhard Neumann, Frankfurt a. M. Bin eingeladen mit Hubert Hoffmann, Graz, Kurt Kranz, Hamburg, Walter Funkat, Halle … Radio möchte Einzelinterviews aufzeichnen … oh, la, la (für mich kritisch!). 7. April Ausstellungseröffnung. Man würde es sehr begrüßen, wenn ich … An sich eine aufregende Perspektive, mit der man gut über den Winter kommen kann *(…)*, wo man topfit dann sich im April in die Heiterkeit der französisch sprechenden Metropole BRUXELLES stürzen könnte, hellwach, mit Augen und Nase schnüffeln, flämische und wallonische Umwelt aufnehmen …? Das kann ein produktiver Winter werden, bin jetzt schon in Fahrt.

Kleinformate. Halbfertige Malplatten stehen genug da. „Der Trinker", „Jonas und der Walfisch", „Im Tal der Verderbten", 2 mal „Cats"-Musical, eine neue „Judith und Holofernes"[144], heutige Sicht. Und wieder seltsam: Hatte aus Dänemark eine Farbpostkarte erhalten, wo ein großer Fischkutter gestrandet am Strand liegt, grün, mit schwarzem Kielanstrich und von grüner Gischt umspült … erbarmungswürdig … Auch von Segelregatten tragische Geschehnisse gelesen … und das Wort „Windsbraut" …! Habe nun das Bild dastehen, ein unbarmherziger orangener Frauenakt liegt über der See, ein

Arm hat Verbindung mit den Wellen, unten zerschellen Schiffe und Segel. Und jetzt, in „Neuer Zeit", Rezension über Siegfried Matthus „Die Windsbraut", BSO-Konzert![145] Inspiriert wurde Matthus von Max Ernst' Bild „Die Windsbraut".[146] Kennen Sie es? Eigenartig. Male öfters im „Voraus". So, wir werden uns schon mal treffen. Ihnen und ihrer lieben Frau herzliche Grüße, C. M.

11. 1. 88

Lieber W. Hütt!
Ich hoffe, es geht Ihnen und Ihrer Frau gut und wünsche vor allem Gesundheit *(...)* Sie sind der erste, dem ich schreibe ...! Habe Weihnachten und Neujahr völlig ignoriert und stehe nun dafür ganz schön betreten da ...
Als vorhin die Sonne feuerrot vor einer indigoblauen Wand stand, war alles klar: Auch nicht einem oder dem ersten Tag des Jahres kann man ausweichen, es beginnt unabänderlich, die Sonne steigt und wir müssen mit ihr versuchen, ein „Klasse"-Jahr zu provozieren ...!
Nun ist bei mir allerlei im Werden, vor allem Kleinformate. Vom Musical „Cats" inspiriert ist die dritte Fassung (farbstark) beendet. Ah ... ja ... Katzen ... Es wird Ihnen Spaß machen. Sensationell ...! Am Donnerstag steht DEFA-Dokumentarfilm mit Barkas vor Marx' Türen (Mittwoch Voranmeldung). Sie möchten 2 Bilder aufnehmen für einen Film, der aber nur bedingt mit der X. Dresden zu tun hat. Maler, die mal angestoßen sind, jetzt auch in der X. im Gespräch sind, u. a. Wagenbrett, Giebe usw. ... Nein, kein neues Bild, sondern: 1957! „Katzentheater" und „General Atom".[147] Ist ein Ding, was ...? DEFA-Wochenschau brachte 1957 die Bez. Ausstellung (hatte die selbst im Kino gesehen), wo zum Schluß die Katzen rotierten *(...)*. Kommentar: *(...)* die ganze Ausstellung war ein Katzentheater ... Dokumentarfilm Spitzenmacherin

Gitta Nickel hatte ich's vor Jahren unter die Nase gerieben … Jetzt will man ausplätten. Es kann amüsant werden. Der DEFA-Boss ist richtig aufgeregt. Man fuhr die Kamera erstmal ganz großformatig, dann ran: Detail. Erst groß das schwarze Katzengesicht, dann groß die weiße … zurück … Kommentar … dann lebendiges „Miau, miau" … als wie: Wir sind da, noch dicke da … dufte … da bin ich gespannt, soll in den Kinos gebracht werden. Soll Bescheid bekommen! Eine spritzige Rakete für's neue Jahr …!
Eine schöne Bestätigung (als Nr. 2) bringt die X. Dresden. Gibt 20 Farbpostkarten heraus, und „Neptun u. d. Ägypterin" ist dabei. UND! Sie werden ja sehen … gut gedruckt …! Male jetzt „Die Post, die Post ist da", eine kesse junge, weiße Hose, orange Anorak, mit *(…)* Tempo, richtig schrägliegend, ihr Fahrrad schiebend. Dann ein kleines superlanges (22 x 75 cm), „Horror … daneben Poesie", wie bei Poussin![148] Hatte im Georgium[149] eine Kabinett-Ausstellung für mich.
Herzlichst C. M.

3. 8 88

Lieber Wolfgang Hütt!
Wiederum … Lang ist es her … Seit Mai habe ich kaum jemandem geschrieben. Erst gestern, nach dringender Bitte, begann ich wieder. Man will endlich Franz Bauer würdigen, den Leiter unserer Spielgruppe der SAJ (im Katalog haben Sie ihn erwähnt). Er ist im vorigen Jahr in Berlin gestorben. Konnte sehr Wichtiges und nachdenkliches über Franz schreiben … so ein Elan und *(solch)* ein literarisches Wissen … mit 16 – 17 Jahren!! (Ja, die Schwarzkünstler!!) Habe, damit verbunden, nun endlich die gesellschaftliche Wirksamkeit der soz. Arbeiterjugend in Dessau *(begonnen)* aufzuzeigen! Politisch aktiv waren wir, kein bürgerlicher Wanderclub (doch eben SPD-Jugend, da bekommen sie[150] schluckauf!!!) Ja, ich hatte

doch Einladung nach Brüssel! Knapp drei Wochen vor *(dem Termin)* ... voller Schwung ins Paß-Amt Halle, ja, ich möchte einen Paß nach Belgien, 14 Tage *(...)* zu einer Bauhaus-Ausstellung ...! Die Dame wurde bitter um den Mund ... 4 Wochen Paß – drei Wochen Visum ... Nein, nichts. Da hat wieder was bei mir ausgehakt ... hätte Partei einschalten können (die allerdings sehr dezent reagierte). Aus, abgestrichen, und seitdem fiel alles Reden *(und)* Schreiben flach ... Sonst war alles in Ordnung, ich war produktiv wie in besten Zeiten, habe organisiert, geplant wie nie, doch das *(Wort)* „Brüssel" durfte nicht auftauchen. Auf einmal war mein Humor wieder da ... und ich habe ein Bild gemalt: „CM in Brüssel". *(...)* Der Marktplatz. Im goldenen Kontur die Architektur. Pferd mit Reiter auf Giebelspitze. Vorn CM (nur als Erscheinung), Brustbild, roter Hut, dunkelblaue Viereckbrille, daneben eine Marx'sche Attraktive. Daneben eine Harpyie, nervös, stakelig, daneben, Handstand machend, braune Gestalt. Die Valeurs sind delikat ... Ich habe es auf ein farbstarkes altes Bild „Komet Iris-Araki" gemalt, umgedreht – Klasse, Da ist noch in der Architektur ein blaues Asiatengesicht sichtbar. Über den Marktplatz zieht – innerhalb der Architektur, also tief – eine rote, schlanke Jumbo-Jet-Maschine. Auch Männecken piß ist da. Seitdem ist mir wohler. Habe es vor kurzem gerahmt. War also geistig da, kenne jetzt jede Ecke ...!
Habe mich überreden lassen, werde 1990 Wander-Ausstellung machen, Klagenfurt, Ludwigshafen, Argenteuil, also Partnerstädte. Gewicht wie Bauhaus-Ausstellung 1986. Habe schon 12 kleinere dafür, über 60 altgestandene stehen da, bis Sommer 89 gut 20 Stück, dann haut's hin! Im Sept. Berlin, Fernsehturm „Carneval". Latein-Amerika-Ausstellung.
Alles Gute, *(auch)* Ihrer lieben Frau, C. M.

21. 8. 88

Lieber W. Hütt!
Ja ... als Ihr Brief kam, fielen mir sämtliche Sünden ein ... Gratulation, wenn auch spät ... und (was ich mir auch selbst immer sage) nicht nachlassen ...! in allen Dingen ... Und in Ihrem Brief wird es schon bestätigt.
Ich las jetzt von einem 131 Jahre alten Georgier: Viel gearbeitet ... und ...! Sich nicht über kleine Dinge geärgert. Dumm*(heiten)* oder Bos*(haftigkeiten)* muß man schnell ausspucken ... weg ... Ja, ja, nicht immer geht es ...! Ja, die Bauhaus-Archiv-Ausstellung[151] ist schon Klasse, da tauchen herrliche Dinge auf. Auch der Aufbau ist sehr gediegen. Vom O. B. Diepgen wurde ich mit Handschlag begrüßt: Das ist der Marx, der sich mit C schreibt, stellte mich Schmiechen vor. Ja, es ist schade, die Rede von Diepgen müßte veröffentlicht werden.[152] Eine kluge, gut informierende Auslegung, Kunst, Bauhaus, jetzt politisch normalisierend, mehr Kunstwissenschaftler als Politiker! Schon wie es begann ... Ja, der Moses Mendelssohn, wie er mit Schmach nach Berlin wandern mußte ... und trotzdem dort erklärte, nicht hassen sollte man, sondern versuchen, *(einander)* mit Vernunft zu begegnen ... (Auch das Bauhaus ging ja genau so nach Berlin). Ich wurde geradezu verblüfft, als er mit Mendelssohn begann ...
Dann, im „Sonntag" Nr. 24, Juni 1988, hatte ich eine ironische „Einsicht" über 775-Jahrfeier.[153] Da steht u. a. zum Festumzug, wo man groß den „Alten Dessauer"[154] Parade reiten läßt: „etwa Leopold neben Mendelssohn? Wie er nach Berlin pilgern mußte ...?" Ich hatte doch ein Bild gemalt „Der alte Dessauer in der Hölle" (Galerie Georgium als Geschenk). Er muß Kniebeugen machen mit Gewehr, und ein kleiner Teufel macht *(ihm)* Feuer unter dem Arsch ... er hat schließlich dieses schlimme Exerzierreglement erfunden, wo schon mein Vater einen „Horror" auf ihn hatte, *(denn)* der *(Alte Dessauer)* stand ja, wie jetzt wieder, mitten in der Stadt in Kupfer „eloxiert".

Zu der Eröffnung waren eine Reihe alter Bauhäusler, so *(...)* hatte ich Kurt Kranz 20 Jahre nicht gesehen. Er macht surrealistische Filme, wohnt in Hamburg ... Ja, sagte er, bin gerade aus den USA ... 2 Jahre Dozent ...! Dann der Mitarbeiter von Mies van der Rohe am Bauhaus Chikago, Kolb, der jetzt in der Schweiz lebt, ein Bär von Kerl, der laufend Lachsalven auslösende Storys erzählt (wohl Mies v. d. Rohe's Saufkumpan war), *(...)* Herrlich ... im Namen des Bauhauses! Auch Hubert Hoffmann, 85 Jahre, aus Graz, der sich gleich eines meiner schönsten Kleinformate „Freundinnen" in seine Reisetasche versenkte, „um CM in Österreich zu rühmen ..."
So, nun wieder zur Sache: Gera hat doch wohl 2 Zeichnungen, da werden wir sehen, ob noch was dazu paßt.[155] Also bleiben wir bei Dienstag, d. 30. August, nachmittags, prima. Ich freue mich. Herzliche Grüße, auch an Ihre liebe Frau und Dankeschön für die Zeilen. Es grüßt C. M.

22. 1. 89

Liebe Frau Hütt, lieber W. Hütt ...
Lang ist es her ... Immer zum Jahreswechsel diese Entschuldigung! Viele Gründe ... nicht zu lösen, jedoch das Wichtigste ist, gute Bilder sind in der Festzeit, und nun im neuen Jahr *(...) (signiert)* und gerahmt. Und so geht es weiter ... denn bis zum Sommer müssen ca. 30 Kleinformate dastehen ... Hatte jetzt ein Thema, was mir besonders schmeckte: „Die stramme Phalanx der Rachegöttin", nach Max Frisch: „Don Juan, oder die Liebe zur Geometrie", was kürzlich in Halle aufgeführt wurde. War nicht da, doch habe ich das Rollenbuch. Und eine vorzügliche Rezension in der MNN, wo mein Titel oben auftaucht. Das erste Bild dazu ist „Don Juan erinnert sich", also ein Vorläufer dieser Tragikomödie. Dann ist fertig: „Fellini sammelt Stoff ..." Diesen Filmemacher verehre ich sehr, seine Fabulierkunst und Klugheit ist mir hoher

Ansporn. Dann ist soweit fertig, ein etwas schwieriges Vorhaben, nämlich das 6. Bauhaustreff (in jedem Herbst ein amüsantes Fest für malende Kinder und aufgeschlossene Erwachsene mit Clownerien und experimentellen Theater usw.) Und nun war im vergangenen Jahr die Ausstellung Bauhaus-Archiv-Berlin „EXPERIMENT". Dies zu koppeln war mein Sinn (Es sollte ein Pendant sein zum „Song vom letzten Bauhausfest 1933"), jetzt auferstanden in Heiterkeit, Offenheit und „Normalisierung", d. heißt, die Arbeiten des Berliner Archivs sind endlich mal (leider nur zeitweise) zurückgekehrt in ihr heimatliches Bauhaus... Auch hier, wie beim Song, setze ich links einen Frauenkopf ein, eine große teefarbene Rose wie ein Hut. Das Mädchen ist nun heiter, kess, und plötzlich geschah es, sie schob ihre Brüste auf den Bildrand ... Und da war der Schlüssel: Fruchtbarkeit! Die Brüste der Frauen sind ja das Symbol. Also Titel: „Die Göttin der Fruchtbarkeit beim 6ten Bauhaustreff Sept. 1988". Denn, über 20 000 Besucher zog diese Ausstellung an. Eine Biene befruchtete einen Apfelbaum (Im Hintergrund der fröhlichen Frau des Bauhauses, mit wehendem Transparent „Ausstellung Experiment", dazu alle möglichen Treff-Figuren usw.) Nun muß ich erstmal wegstellen. Bin skeptisch, ob es für den Beschauer deutbar ist. Da läuft in Halle od. Leipzig, auch in Neustrelitz, das Drama eines polnischen Autors „Lebewohl, Judas!". Habe dazu erstmal Pinselzeichnungen gemacht. Ein schlimmes Thema ... Judas. Niemand traut ihm, niemand glaubt ihm, er arbeitet im politischen Untergrund mit, kontra Polizei. Doch von jeder Seite der Stempel: Verräter. Ein *(...)* Anwurf wie hier kann tödlich sein ...
Doch nun etwas sehr Erfreuliches. Auch für Sie ...! Da sehe ich doch vor Weihnachten im Buchgeschäft Siebensäulen – Ziebigk so eine gut gedruckte, liebenswerte Ansicht vom „Paradiesgärtlein", gut gebunden, darüber: Wolfgang Hütt.[156] *(...)* Sie haben da etwas Treffliches gemacht *(...)* und das bringt *(...)* ein wichtiges Resultat. Nicht: Ja, ja, die Alten ...

Man vergleicht *(...)* Und Kinder tasten ja zentimeterweise die Bilder ab. So auch mit dem „Paradiesgärtlein". Man möchte sich dazu setzen zu der rechten Gruppe ... Ganz nebenbei erledigt das Problem „böser Drache". Er meditiert jetzt mit dem nachdenklichen Engel, der es ja wissen müßte, was nach dem Sein kommt! Und der Junge am Baum staunt, was es da *(...)* zu bereden gibt. Man wird ja sehen, welche friedliche Welt ... in jedem Gärtlein könnte es so sein. ... Doch Geballere, Rassismus, Austreibung bei den „Freunden"[157], die Juden ziehen wieder ins Ungewisse ...
– Die Broschüre (die ich mitsende), ist bemerkenswert, weil da die pol. Tätigkeit der SAJ mal aufgezeigt wird. Jedoch, man wollte Fr. Bauer als Dessauer ehren und *(dem)* „Haus der Jugend und Sportler" seinen Namen geben. Sehr schön, wenn nur nicht 90% des Programms Tag für Tag Disko wäre. Nichts gegen Disko ... Sie wissen ja ... Ich habe gesagt, der Name verpflichtet ... Wir haben uns damals tollkühn an vieles gewagt, und FDJ[158] und in den Himmel tanzen ist zu wenig. Da sagte die Leitung: Sie wollen wohl aus unserem Haus einen Diskoschuppen machen ...
... peng ... *(...)*
Nun Ihrer lieben Frau und Ihnen Gesundheit und Schwung für 89, Ihr C. M.

27. 4. 89

Lieber Wolfgang Hütt!
Die Zeit, die läuft ... Alles ist grün, die Blüte fast durch ... Ich sehe gerade mit Vergnügen einer Elster zu ... Hinten im Garten ist eine Riesenbirke. Und auf dem höchsten Ausläufer wiegt sie sich, und wippt mit dem Schwanz, und wenn sie krächzt, verbeugt sie sich ... Sowas Vitales, souverän Freches ... So muß man auch sein ...!!
Vor einigen Tagen war Eröffnung einer Xanti Schawinski – Ausstellung, allerdings Fotos aus der Sammlung des Schweizers

Schmid (Zürich) – ein schwerreicher Mann, hat in einem Tal eine Riesen-Landwirtschaftliche Anlage und züchtet diese grauen Rinder (mit Staats-Unterstützung), die jetzt wieder die Wiesen bevölkern sollen. Ein schmalgesichtiger Intellektueller, spritzig, weiß alles, was mit Kunst und Bauhaus zu tun hat, fragte mir die Seele aus dem Korpus, heiter, mit echter Zuneigung, auch sein Sohn, jung, doch ein Spezialist für Drucktechnik. Haben einen Katalog gebracht, da bleibt einem die Sprache weg. Über 100 Exemplare an die Eröffnungsgäste als Geschenk überreicht ... Kunsthändler ... beide ... Ja, Schawinski war 1926/29 am Bauhaus. Magdeburg, dann 33 Italien – USA – Schweiz, hat ein tolles Saxophon gespielt ... Es gibt da ein Foto, wo er auf der Dachkante des Bauhauses steht und Saxophon spielt. *(...)* Die Schweizer brachten ein Rollenbuch von Schawinsky mit. Er hat bei O. Schlemmer Bühnenbilder gemalt und die Studentenbühne arrangiert. Im Rollenbuch nun sind groteske, absurde, aber höchst amüsante Vorgänge. Da ist eine Musikkapelle, die verschwindet, löst sich auf im Stehen, die Instrumente jedoch schweben ... und spielen weiter ... u. Ähnliches. ... Und so eine Träne von *(Bauhaus-)* Manager liest nun zur Eröffnung 6 Akte vor ... lässig, fader Spott ... wie aus einem Zeitungsartikel ...! Wie hätte man jede Szene hochjubeln können ... Nein, es rutschte ab, wurde komisch ... Die wissen nichts vom Haus, wohnen jetzt Jahre drin ... Kein Funke ist übergesprungen. Und grinsen, wenn ich's sage. ... Der Marx, na, ja, der Marx, der kann sich's leisten ...
Ja, der Verlag ist wohl durch W. Steinberg etwas sauer, gerade auf diese Thematik. Er hatte doch (angeknüpft an „Buchstück") einen dicken Brummer drüben in der BRD herausgebracht[159] *(...)* Er hat da die Funktionäre ganz schön angeflappt ...
(...) die Pinsel rauchen ... bis nächstens.
Ihrer lieben Frau und Ihnen Gesundheit, Ihr C. M.

23. 8. 89

Lieber Wolfgang Hütt!

Soeben Ihre Karte erhalten .... und wie ein Blitz ...Es hatte sich in der Woche um den 18. 8. – weiß der Teufel – alles Mögliche konzentriert! Entscheidungen für Ausstellungen, Besuche, Presse, Soli-Bild[160], wo ich immer nicht weiß, was gibst du da ... usw. Als ich am Freitag früh die Zeitung öffne ... ach ja, du hast ja Geburtstag ... (Nichts geht über einen geordneten Haushalt ...)

Deshalb herzlichen Dank für die guten Wünsche ... und nun möchte ich Ihnen das Wichtigste – Gesundheit – wünschen ...!

Ja, es ist dieser Sommer mein Sommer, doch abends war man dösig und schätzte ein kühles Zimmer ...

Bin noch beim Rahmen für Bilder zur Hansering-Ausstellung. Auch da zieht es einen hin und her ...Was bringt ein rundes Bild, und was bringt die Kasse zum klimpern ...denn die Galerie braucht Umsatz ...

Bin sehr produktiv – alles war auf Ludwigshafen 1990 eingestellt. Doch nur mündliche Abmachungen sind so eine Sache. Vor 10 Tagen kam der stellvertr. Oberbürgermeister *(...)* mit Stadtrat *(...)*, drucksten rum und dann ... Ja, wir werden 1990 zuerst aus der Georgiums-Galerie dort eine Partner-Ausstellung[161] machen ... Ein Katalog braucht sowieso ca. 1 1/2 Jahre! Peng ...

Schulz, Leipzig, mußte ich auch absagen. Nun habe ich daraufhin 1991 eine eigene Konzeption! Zum 80. Geburtstag mit Bauhaus festgelegt: Eine Superschau (wie zum 75.), danach Verkaufsausstellung bei Schulz, Katalog Schulz-Bauhaus, werde die Hälfte der Kosten tragen, dann kann eine große Zahl von Farbrepros den Katalog „gewichtig" machen.

Werde auf Ludwigshafen nicht mehr tippen.

Ich weiß nicht, beim Besuch des O.B. schien mir eine Reihe kleiner Bilder kleine Schocks auszulösen ...! Man will jedenfalls erstmal eine „solide" Ausstellung anbieten!

Vielleicht sehen wir uns am 20. Sept. in der Galerie. Bis dahin herzliche Grüße Ihrer lieben Frau und Ihnen, Ihr C. M.

9. 2. 90

Lieber Wolfgang Hütt!

Ihren etwas besorgten Brief mit Dank erhalten ... weil dadurch das leidige Wort „Briefschulden" zutage kam *(...)* Aber gerade gestern habe ich den letzten „Aktionsschuß" abgefeuert. Bin seit 2 Monaten im Angriff gegen eine schwer faßbare „Dekorations-Gangsterbande". Klingt bombastisch, doch da geht es neben Kunstvermarktung eben auch über 100.000 M., schätze ich, um die Neugestaltung der Bahnhofshalle Dessau. (Doch im voraus: Meine Gesundheit ist bestens ... geradezu aggressiv ... und Sie wissen ja, dann fliegen die Fetzen ...) Andeutungen – und nur diese bekam ich mit – waren im Herbst vorigen Jahres zu hören. Ich hätte einiges abwenden können ... Unser OB (jetzt abgesägt) sagte: Unser Bahnhof soll „scheen" werden ... Und ich sagte: Prima, dann kann endlich diese Klamotte vom Kothe verschwinden (Fahnen-Polit-Sichtwerbung). Alles wurde blaß (Es war eine Kultursitzung mit Bossen aller Art, Politik, Kultur, Gewerkschaft usw.)[162] Ich erzählte ihnen, daß dieses Fahnenträgerbild (wie es seit 40 Jahren[163] prangt) schon in der Nazizeit genau so, nur mit dem Hakenkreuz in der roten Fahne, von Kothe gemalt wurde (Hochschule in Leipzig, Foto im „Goldenen Reiter", 1943). Gegenüber jetzt eine riesige Lissitzky-Vergewaltigung ... die ganze Halle mit den gelben Pissoirkacheln schräg und quer belegt. *(...)* Ein Stilbruch, eine irre Konfrontation. Dieser naturalistische Blut und Boden – Schmarren und gegenüber entleerte Lissitzky-Flächen. Na, wir sprechen genauer, wenn Sie kommen.

April-Mai plant VBK im Alten Museum Ausstellung „1945 – 1949", nach Max Kobers Bildband[164], der jetzt erschienen ist. Habe sehr gutes Farbrepro „Die Suppenholer" drin, auch die verjagten Hallenser[165] sind präsent! Ja, und Dezember: Hommage á Lissitzky, Ausstellung in Berlin vom VBK und Kunsthochschule. Werke und Arbeiten, die von Lissitzky inspiriert wurden, sollen gezeigt werden.[166] Ich sollte Sommer vori-

gen Jahres als Bauhäusler und Maler meine Stellung zu Lissitzky äußern. Ich war sowieso malerisch festgefahren, und Lissitzky's Transparenz inspirierte. Sie gab einer Reihe von Bildern Lockerheit und Luft. Legte Flächen an und setzte Figuren in neuem Kolorit ein, starkfarbig (aber eben alles Marx'sche). Und erstaunlich ... jetzt kommt die Anfrage und ich kann eine Reihe vorschlagen. Das letzte war thematisch konkret, sagt man *(...)*. Titel: „Ich will ein Kind haben", ein avantgardistisches polit. Schauspiel von Sergej Tretjakow. Meyerhold wollte es in den 30er Jahren in Moskau aufführen. Von Stalin verboten. Tretjakow 1936 verhaftet, 1938 „verschwunden". Ja, und er war Lissitzky's bester Freund ... und Lissitzky machte die Bühnenbilder zu diesem Stück! Brecht schrieb, er hätte durch Tretjakow seine Haltung für alle Zeit bekommen ... und zum Jahreswechsel 89–90 hat das Brecht-Ensemble in Berlin „Ich will ein Kind" uraufgeführt! Emanzipation der sowj. Frau: Ein Kind ... aber bitte keinen Mann ... das Sperma, sonst nichts. Ich kannte den Vorgang schon zur Bauhauszeit *(...)* Zu Ehren der beiden malte ich ein Bild. Sie werden es sehen, Kleinformat, farbige Flächen, darin eingebettet anziehendes Frauengesicht. Angedeutet – rechts am Bildrand – ein Kommissar ...! Pelzmütze, roter Stern, scharfe Nase, Schnauzbart, Schulterklappen ... aus ... So geht das.
Ja, Ludwigshafen ... Da ist jetzt so ein Trubel ... Busse und Geschenke. Bin kritisch ... Besuche ... diese Euphorie des Absahnens mag ich nicht. Da möchte ich nicht vermarktet werden wie diese jungen Leute, die losgerast sind um Scheiß 100 Westmark[167] ... keine Moral, deformiert, nur noch Job ... Kassiere in den Kopf, wo ich scharf diese Leute beschieße. Und Bauhaus-Austellung ... Dieses Parteien-Trara ... nee ... Man will mich zur SPD *(holen)*. Sah gestern ein Plakat, SPD, genau wie Lotto-Toto ... Mädchen, kess, mit gehobenem Arm, in der Hand 3 Zettel, unten Text (früher Lotto): „Kommt zur SPD", in Kitschfarben ... Gehe ich hin und sage: Scheißplakat ... dann sagen irgendwelche Typen: Na, da mach ein besseres ...

Aber ihre geistige Lage treffe ich nicht mehr. Da sagen sie: Scheißplakat ... Dann will ich ins SPD Programm *(aufnehmen lassen)*: 3/4 der Autos auf der Welt müssen eingestampft werden, Fabriken, also Autoproduktion, gestoppt. Ebenfalls alle Sprays, alle Plastefabrikationen gestoppt. Na, die würden mich als geisteskrank aus dem Saal feuern ... Vorbei ....Eine gefährliche Zeitspanne, organisch nicht gewachsen, reingeschliddert ... Wir bekommen eine üble, armselige Zeit *(...)* Der Gorbatschow hält es nicht ... da ist der Eigenstaat der Generäle ... wie bei Allende ... Ein neuer Stalin-General ... und sofort rufen unsere Stasis: „Hilfe, kommt!" Na, da ... hoffen wir aber Besseres!!
Willkommen am 23. 2. Herzlich C. M.

15. 2. 90

Lieber W. Hütt!
Gestern brachte MNN diesen Artikel.[168] Ich lieferte den Stoff und Rusch, der Redakteur, hat ihn „mundgerecht" gemacht. Ihm schmeckt diese Auseinandersetzung und er gibt mir „freie Fahrt". Denselben Stoff hatte ich vorige Woche der „Freiheit" gegeben. Sie brachte ihn neben einer Entgegnung vom Bauhaus. Großes historisch-politisches Pamphlet, sehr gepflegt geschrieben, aber bla bla ... Daneben meine ironisch aufdeckende „Schmähung", *(...)* der Freiheit-Redakteur sagte: „ein klassischer Dialog!" Jedoch – er war „parteilich", dieser Schlußsatz von der H. Königsdorf war ihm, als SED-Redakteur, wohl zu entblößend. Er hat ihn weggelassen ...!! Ja, ja, weil ich ja diese Angriffstaktik auf die Fahne der Intoleranz aufbaue .... Siehe Stalin: Bauern-Kollektivierung, 5 Millionen Tote ... Jetzt Ceauçescu. Diese Untaten in Rumänien. Da wollen sie dieses Scheißbild trotzdem halten. *(...)* Auch wenn sie einem zugeneigt sind, diese jungen Leute ... da fehlt was, wie ein schwerer Vitaminmangel, ein Loch ...

und sie grübeln und grübeln, wenn man z. B. von Haltungen spricht ... ratlos ... ah ... ja ... Job oder „alles Scheiße" ... Ja, jetzt geht's ums Geld ...! Eine irre Kaupelei ... Habe 50 000 auf dem Konto. Gestern sagte mir jemand, 10 000 sollen erhalten bleiben, Rest wird eingefroren ... Na, ja, muß dann eben an Westleute verkaufen. Einer ist sehr scharf auf „Wildschwein in Aspik" *(...)*
So, sonst bleibt es: Freitag 23. 2. Herzlich C. M.

26. 3. 1990

(...)
Vielleicht war unser Treffen etwas nervös – einmal diese Karambolage mit Ihrem Wagen ... mir war, als wäre mir jemand selbst in den Rücken geprallt. Man hegt und pflegt, paßt überall auf und dann kommt so ein Idiot und knallt drauf ... (ist mir im vorigen Jahr mit dem Fahrrad passiert ..., so ein Rotzjunge, der griente ...!) Dazu kam noch der „Kölsche Besuch" [169]. Ich weiß, diese Frau ist in Ordnung. Doch Sie wußten nichts, in dieser Zeit. *(...)*
Vorige Woche waren die Berliner da und holten die Bilder für die Ausstellung „1945–1949" im Alten Museum (April/Mai). Habe außer „Suppenholer" noch die zwei Tempera „Die Witwe" und „Das siebte Kreuz" von A. Seghers mitgegeben. Sie *(diese Zeichnungen)* sind expressiv in der Wirkung, weil ich sie sozusagen mit der Farbtube „hingeschrieben" habe. Kein Pinsel, nur leicht gedrückt ... mit der Tube fabuliert ... rot, grün und schwarz – pur ... Greife jetzt immer mal wieder zu dieser „impulsiven Festschreibung" einer Figur innerhalb eines soweit farbigen Bildes.
Rahme jetzt 2 Bilder für Galerie Hansering. Im Mai wohl eine Ausstellung „Traumbilder". Man muß sie unterstützen, eben auch Leipzig, Sachsenplatz, wurde ja von beiden rausgestellt. (Sie werden anscheinend GmbH. Na da ...)

Es grünt und blüht und stürmt ... Welche Großartigkeit die Natur uns bietet ... Und wie wir fiese Typen Menschheit sie behandeln.
Bis nächstens, Ihr C. M

19. 8. 90

Löwe (23. 7. – 23. 8.)
Erlauben Sie niemanden, Sie in die
Ecke zu stellen. Auch wenn es anfangs
nur als Scherz gedacht ist. Ihre Originalität
muß unbedingt gewahrt bleiben.
(Für uns beide. Gratulation !!! Kein Pardon ...
1991 liegt allerlei vor !!!)

Lieber W. Hütt!
Ja, ich bin diesmal überhaupt nicht auf den Geburtstag eingegangen. Ich habe seit 8 Tagen eine neue Türschild-Variante[170] angebracht: „Bin auswärts. Keine Besuche vor Oktober ...!" Läden und Faltjalousien, alles runter ... (schon wegen der Sonne). Da sind alle paar Tage ein paar seltene Vögel hartnäckig. Sie wollen was für sich kassieren (Bilder, Fotografien, Geld pumpen) – doch Opatrottel ist noch nicht bei mir. Dazu kommt noch diese Zeit – diese Tölpels von Regierung lassen wirklich die Bauern hops gehen! Durch meine täglichen Radtouren (30–40 km) spreche ich mit Traktorfahrern und Feldbrigaden, die Freundschaft geht ja über Jahrzehnte ... „Na, Maler, hast du immer noch nicht geheiratet?", fragt stets eine Dicke aus Waldersee ... Jetzt sind sie sauer. So viel Grünfutter ist da, die Silos sind voll. Doch sie werden das Vieh nicht los, auch die Milch nicht (Südmilch-Unternehmen West pumpt jeden Monat für 1,2 Millionen Milcherzeugnisse in die DDR, laut „Die Welt"). Ich könnte jeden Westwagen anspukken ... Alles Jobber ... und unsere Arschlöcher mit den neuen Autos sind reine Todesgefahr – verblödet!

Schulz, Galerie am Sachsenplatz in Leipzig, war mit Frau Gisela bei mir. Versuchen selbständig über die Runden zu kommen. Bisher 600,– M Galeriemiete, jetzt 2.200 DM! Habe 5 der besten neuen Bilder als Stützung mitgegeben, eines als Schenkung, um Katalog mitzutragen für Bauhaus-Ausstellung (die letzte bei ihm), im Dezember 1990. Dazu noch Zeichnungen, Gouachen aus Berliner Bauhaus-Zeit, dazu Beiträge für den Katalog über A. Henning und Meta Stolp. Sie war mit mir im Semester und eng befreundet (Porträtzeichnungen). Meta war verheiratet mit dem Bauhäusler Stolp und war die Schwester von Friedrich (Fritz) Kuhr (geb. 1899 in Lüttich, 1923–28 Studium am Bauhaus, anschl. dort Lehrer bis 1930, dann freier Maler in Berlin. Nazizeit Handwerker, seit 1948 Professor an der Hochschule für bild. Künste Berlin, 1950 Ausstellung in Berlin „22 Bauhäusler" (Kuhr und ich dabei). Ja, jetzt, harter Kurs auf das Achtzigste. Bauhaus-Ausstellung!! Ob Sie wieder zur Eröffnung sowas Amüsantes wie zum 75. kreieren ...? Da muß ich natürlich wieder Stoff liefern ...! *(...)*
Irak – dieser Misthund, schon damals schrieben wir im Katalog: „Menschheit geisteskrank!" Alle Staaten pumpen Waffen und Chemie rein ... Geld – Öl – Geld ...! *(...)* Bigott – idiotisch. Ob Kohl oder Gorbatschow, alle lieferten, und alle sind empört ...!
(...) Doch, wir müssen auch diesmal durch ... 1991 müssen wir beide topfit sein ...! Alles Gute, Wolfg. Hütt, bis nächstens. Herz. Grüße auch an Ihre liebe Frau, ihr C. M.

27. 12. 90
(Auf dem Briefkopf links: Bauhaus-Signet.
Von C.M mit krausen Wolken karikiert)

Bauhaus eingetrübt ...?
Nur noch Büro für Historie ...?
mit Bauhaus-Informationen ...?
Nostalgie-Ausstellungen ...?

Lieber Wolfgang Hütt, liebe Frau Hütt ...
Jetzt habe ich den Schwung, um locker zu schreiben. Diese bedrückende, wirklich zum Kotzen üble Weltsituation läßt wieder mal diese doch freundliche Weihnachten (auch für Ästheten) nicht mehr wirken. Diese Hektik, die Ströme in den Straßen, die Westjobber jeden Formates: Da ist eine Hamburger Aalbude ... der dicke Fischmann hat einen Riesenpapierbogen ... und ... ein Stück Aal ... (schöner Aal ...) und dies, und den, und Sprotten, und Schillerlocken, und alles 20 Mark ...! Ich wollte ein Stück Aal, ein kleines (dieses Fett ist gefährlich): Nur pauschal, das Andere muß auch weg, sagt er, hat recht, klar ... Immer pauschal, tönt der Westen, und wenn es der Kölner Maler Baselitz ist (Akademie-Mitglied): DDR-Maler sind pauschal Arschlöcher ...![171] Ich hab' *(ihm)* eine Farbpostkarte „Song vom letzten Bauhausfest" geschrieben: Na, Baselitz, bist du nun deinen Frust los ... und andere Dinge (er kopiert Nay u. a.), die Karte meiner Kölner Bekannten geschickt, wegen Adresse. Sie schreibt, ja, Baselitz wohnt im Ausland, hat dort ein Schloß ...!! Wohl 1970 aus der DDR weg.
Doch ich bin abgekommen. Weshalb Schwung ...? komme eben – mal wieder – aus dem Kino, Walt Disney Trickfilm „Arielle, die Seejungfrau", toll, perfekt gemacht, Mischtechnik, eigentlich alles – Naturfotos, Seevögel, See-Ungetüme, Unterwasser-Wunder, echte Fische, Kunstfische,

echte Seejungfrauen mit elegantem Schwimmschwung *(...)* – klassisch mit Augen drehen und Riesenmundöffnung, usw., für Kinder ist es sicher ein Erlebnis. Tragik, Angst, Happy End ... wunderbar.

– Und dann bereitet sich alles auf einen großen Schlag vor. *(...)* Ja, ich bange um die Israelis ... soll es niemals Ruhe für dieses Volk geben. Und diese Riesen-Geldpack Unternehmer lieferten alles. Mich kotzt jeder von drüben an. Das pumpt uns voll mit Scheißbüchsenkram, die Stadt ist nur noch ein Büchsenhaufen, alles korrupt, ob Kaufhalle oder Heringsbändiger ... hier ein Hunderter, dafür alle Wochen Joghurt, bezuckert, oder Pappkastenmilch, tolle Milch, Flaschenmilch ... nein ... ist jetzt ausgelaufen, der Vertrag mit der LPG. Unsere Bauern sind rasend. Doch da ist System drin. Alles Kommunistenschweine, so drüben, die müssen erst mal plattgewalzt werden, das letzte gesparte Geld erst mal weg ... dann tanzen sie für einen Hunderter ... *(...)* Ja, ich male ein wenig weiter, heiter, lustig, weil das Einigeln etwas für sich hat. Sie merken es ja auch, wie deformiert ein Großteil unserer Bürger ist: Ach, es wird schön, was du nur hast, alles kannste kaufen, kannst nur meckern usw. Da gehe ich auf kein Thema ein. Ja, ja, viel Glück, und weiter ... auch gute Bekannte und Kollegen.

Die Ausstellung im Bauhaus ist noch ungewiß. Karlsruhe macht sich stark, 120 Millionen für Neubau a la Bauhaus ...!!! Seltsame Architektur, „Ideen für Europa", heißt es.

Man ist auf alles sauer, wittert in allen Bereichen sozialistische Heckenschützen (siehe Hochschulabwicklung), die Kohltruppe ist übel, SPD ist machtlos. Und die PDS samt Gysi fährt eine fragwürdige Tour *(...)*, weil sie an Aufstand glauben, diese Trottel. Wir haben ja noch erlebt, wie Stahlhelm, Reichswehr, Sipo[172] und dann Nazis eiskalt geballert haben. Es ist kein gesunder Menschenverstand mehr sichtbar ... Sie haben recht, Rußland wird Europa aus dem Gleichgewicht bringen. So blöd der Papst, so blöd die Ideologen *(...)* auch

Gorbatschow ist kein realer Denker ... *(war es)* in allen Reden vor Jahren. Zum Schluß aber: An den Prinzipien darf nicht gerüttelt werden!
Ja, die Kunst ... Ich hatte Schulz – Leipzig 5 sehr gute Öler mitgegeben (er macht doch jetzt privat). Vor 8 Tagen Post, ja, es könnte sein, daß er 1, vielleicht auch 2, verkaufen kann. Ich bin nicht scharf, habe auf Konto, und habe vor 3 Wochen Rente beantragt[173], bekomme 560 Mark und für 3 Jahre – 1:3 getauscht – Nachzahlung *(...)* 9000 Mark – anständig, nicht? Die Existenz ist also gesichert, weil ich eine Inflation als fast sicher kommen sehe!! Das geht überhaupt nicht auf. Dazu richtige Kriecher, im Rat oder Landesleitung. Alles jongliert auf persönlichen dicken Job, die verkaufen unser Land (es wird lange DDR bleiben!) Nach dem 1. Januar werden wir: Ja, da werdens schauen!
Anfang Dezember war Amerika-Besuch im Bauhaus und bei mir. NICOLAS FOX WEBER, EXEKUTIVE DIREKTOR „THE JOSEF ALBERS FONDATION INC. ORANGE – CONNETICUT." Er will eine Publikation über Albers schreiben. Habe ihm eine hübsche Story geliefert. Hat begeistert geschrieben. Auch über Mies van der Rohe, weil die Tochter von Mies im Ort wohnt. Jetzt ist EL LISSITZKY-Buch erschienen[174], Mainz, Victor Malsy. Habe darin 2 Seiten: Beziehung zu Lissitzky als handgeschrieben reproduziert. Klasse! Sie sehen, bin fit, ein gutes Jahr Ihnen und Ihrer lieben Frau, C. M.

(Ich habe es irgendwo abgeschrieben ...)
Aus einem alten Brief, den Rabbi ben Jechiel
geschrieben hat:

„Wir aber
sind gleich den versunkenen Schiffen
in den Meeren ...
und über unsere Köpfe hinweg
ziehen die Schiffe der anderen"

Anmerkungen

1 Zusammen mit den Briefen, die der Künstler an W. H. und Ursula H. (1928–1997) sandte, befindet sich seit dem Jahre 1995 das von ihm verwahrt gewesene Tagebuch des Malers aus den Jahren 1946 bis 1955 in der Sammlung des Dessauer Bauhauses. Vor allem die Briefe von Carl Marx (1911–1991) spiegeln mehr als nur die Persönlichkeit dieses eigenwilligen Malers. Sie sind zugleich Zeugnisse der Zeit, in der er lebte. In ihnen verweben sich Drastik und Poesie. Für den Druck wurden diese Briefe mit nur leichten Korrekturen versehen. Das oft sehr Impulsive ihrer Niederschrift galt es in jedem Falle zu erhalten, auch dann, wenn Satzbau und Interpunktion gelegentlich nicht dem grammatikalischen Regelwerk entsprechen. Nur dort, wo es zum Verständnis notwendig erschien, wurden Abkürzungen oder das oft Stenographische im Satzbau durch nötig erscheinende und kursiv in Klammern gesetzte Hinzufügungen ergänzt. Die in der Regel geringfügigen Kürzungen sind durch drei Punkte zwischen Klammern gekennzeichnet. Allein völlig private Mitteilungen oder sehr persönliche Aussagen über einige Personen werden vollständig ausgelassen, wie ebenso bloße Verabredungen.

2 N. Orlow: Wege und Irrwege der modernen Kunst. In: Tägliche Rundschau, Berlin 20. u. 21. Januar 1951. Dieser Artikel verschärfte die seit 1948 in der sowjetischen Besatzungszone, und seit ihrer Gründung in der DDR, mit politischen Zielen gegen die sogenannte „Moderne" geführte Kampagne. Hinter dem Pseudonym verbarg sich der damalige Berater beim Chef der SMAD Wladimir S. Semjonow.

3 Als Partei des „neuen Typus" sollte sich die SED nach dem Vorbild der KPdSU zur „marxistisch-leninistischen Kampfpartei" unter kommunistischer Dominanz entwikkeln. Dem diente ein Beschluß des vom 20. bis 24. September 1947 in Berlin tagenden II. Parteitages der SED.

4 Am 20. Oktober 1948 erließ die für die sowjetische Besatzungszone zuständige Deutsche-Wirtschafts-Kommission (DWK) Richtlinien für den freien Verkauf von Konsumgütern durch eine neu zu gründende Handelsorganisation (HO). Sie verkaufte in ihren zunächst noch wenigen Läden die Waren zu Preisen, die etwas unter den auf dem Schwarzen Markt gehandelten lagen, um diesen zu bekämpfen. Für einen Großteil der Mangel leidenden Bevölkerung waren diese Preise unerschwinglich. Sie wurden im Verlauf mehrerer Jahre nach und nach gesenkt, wobei die Zahl der Verkaufsstellen zunahm.

5 R. Korn: Kandinsky und die Theorie der abstrakten Malerei. Berlin 1960, S. 63. Der Autor warf Carl Marx und dem namhaften Dresdner Grafiker Hans Theo Richter vor, daß beide „mehr Wert auf die Wirkung formaler Elemente als auf eine realistische Aussage legten." Für sie gelte „anscheinend das Prinzip Kandinskys, daß der Gegenstand nur Vorwand zur ´reinen Malerei´ sei."

6 Mitgliedsbuch der „Deutschen Arbeitsfront", der nach Zerschlagen der Gewerkschaften 1933 gegründeten Arbeitnehmerorganisation der Nationalsozialisten.

7 Die Winterausstellung 1957/58 Hallescher und Magdeburger Künstler war die erste große Bezirkskunstausstellung in der DDR nach der Kulturkonferenz der SED vom Oktober 1957. Mit dieser Konferenz wurde eine „ideologische Offensive" gegen das Verbreiten sogenannter revisionistischer Theorien eingeleitet. Es sollten

alle Auffassungen zurückgedrängt werden, die nach Ansicht der Parteiführung einer sozialistischen Kulturentwicklung feindlich und fremd gegenüberstanden. Das SED-Zentralorgan „Neues Deutschland" bewertete am 7. Januar 1958 die Hallesche Ausstellung als „Schaustellung der Dekadenz". Carl Marx hatte der Jury angehört, welche die Auswahl der gezeigten Kunstwerke vornahm. Die SED-eigene hallesche Tageszeitung „Freiheit" wußte am 6. Januar 1958 zu berichten: „Als Genosse Ebeling in einer Jury-Beratung berechtigte Einwände gegen den Inhalt angebotener Bilder laut werden ließ, verstummte er vor dem Zwischenruf des Kollegen Marx: 'Hört auf mit dem Parteiquatsch'." Die Kulturabteilung im ZK der SED stellte im Abschlußbericht ihrer wegen der Ausstellung nach Halle entsandten Arbeitsgruppe zur Situation der Kunst in Halle fest: „Seit Jahren wird die Situation in der Kunst von dekadenten und revisionistischen Kunstauffassungen beherrscht *(...)* Eine Gruppe bildender Künstler wollte mit dieser Ausstellung die Frage 'Wer-Wen?' entscheiden" (SAPMO BArch., Bestand ZK der SED, DY/IV 2/2.26/13, Bl. 168 bis 176).

8 Bauhaus und Bauhäusler. Erinnerungen und Bekenntnisse. Hg. Eckardt Neumann. Köln 1985, S. 194 f.

9 In einem Informantenbericht vom 10. Juli 1982 an die Bezirksverwaltung des Ministeriums für Staatssicherheit in Halle (S.) heißt es dazu: „Marx steht nämlich immer auf der Seite der nach seiner Meinung Verfolgten. So kann es geschehen, was zu begrüßen ist, daß er einen großen Betrag auf ein Solidaritätskonto überweist, aber er unterstützt offenkundig auch bei uns Leute, die – wie er meint – zu Unrecht verfolgt werden" (BStU, ASt. Halle (S.), MfS, BV Halle (S.) Abt. XX, 945/60, Bd. 11). Obwohl Carl Marx mit seiner Kunst der doktrinären Kritik bereits im Jahrzehnt zuvor stets neue Angriffsflächen bot, fand das Ministerium für Staatssicherheit erst im Jahre 1968 einen Anlaß, den Maler zu beobachten. Das begann, als am 2. April 1968 über die Dessauer Buchhändlerin Christa Borchert eine „Operative Vorlaufakte" angelegt wurde. Man bezichtigte sie, in der von ihr geleiteten Buchhandlung „Bild und Buch" einen „Sammelpunkt von sogenannten freischaffenden Künstlern" zu unterhalten, der „enge Verbindungen nach Westdeutschland" pflege (BStU, ASt. Halle (S.) AOP 231/69, Bl. 8). Es gebe „begründete Verdachtsmomente, daß der M. (Marx, W.H.) sich oft im Laden der Borchert aufhält und dort an den Diskussionen teilnimmt" (Quelle wie zuvor, Bl. 49). In einem Ermittlungsbericht der MfS Kreisdienststelle Dessau vom 5. Januar 1968 wird Marx als „Vollblutkünstler" bezeichnet, zugleich als „sehr verschlossen und sehr reserviert" charakterisiert. „Gesellschaftlich hat er *(...)* keine Funktionen und beteiligt sich auch nicht gesellschaftlich" (Quelle wie zuvor, Bl. 25). Und es wird auch in diesem Zusammenhang festgestellt: „Carl Marx wird als ein Mensch eingeschätzt, der vollkommen allein sich versorgt und alle anfallenden Arbeiten verrichtet. Er kocht, näht, macht sauber u. d. gl. mehr. Wie bekannt, lebt er mit seinem Vater allein in dem Hause. Sie leben einfach und bescheiden" (Quelle wie zuvor, Bl. 50). Im Ermittlungsbericht vom 10. Oktober 1968 ist hervorgehoben, daß Marx am 20. November 1953 wegen „fehlender Verbundenheit zur Partei" aus der SED ausgeschlossen wurde (Quelle wie zuvor, Bl. 50 f.)

10 Verband Bildender Künstler

11 Wolfgang Hütt, von 1969 bis 1971 Direktor der Staatlichen Galerie Moritzburg in Halle (S.), plante außer einer Ausstellung mit Gemälden und Graphiken Otto Möhwalds eine weitere mit Gemälden und Zeichnungen von Carl Marx. Die erst genannte Ausstellung fand zwar statt, mußte aber nach nur kurzer Dauer wegen öffentlich inszenierter Angriffe, die auf Veranlassung der SED-Bezirksleitung Halle (S.) gegen sie geführt wurden, vorfristig geschlossen werden. Insgesamt stieß die Ausstellungspolitik der Museumsleitung auf den Widerstand maßgeblicher Kulturfunktionäre. Für die Ausstellung mit Werken von Carl Marx wurde die Druckgenehmigung zum Katalog nicht erteilt, weshalb ihr Termin nicht einzuhalten war. Aus dem Brief von Marx geht eindeutig hervor, daß sogar der Verband Bildender Künstler genötigt wurde, an der SED-gelenkten Intrige gegen die Direktion der Galerie teilzunehmen. Willi Sitte, den C. M. zitiert, gehörte dem Zentralvorstand des Verbandes Bildender Künstler der DDR an, wurde 1974 zu dessen Präsidenten gewählt. Mit Unterstützung des VBK fand die geplante Ausstellung erst 1971 statt, nach dem Ausscheiden Wolfgang Hütts aus seinem Amt an der Staatlichen Galerie Moritzburg.

12 Diese bereits weitgehend vorbereitete Ausstellung wurde auf ähnliche Art wie die Personalausstellung für Carl Marx von staatlicher Seite hintertrieben. Der hierfür im Manuskript vollendete Katalog erhielt keine Druckgenehmigung, weil die Museumsleitung in ihrer Darbietung hallescher Kunst nach 1945 auch Werke christlicher Künstler und derjenigen aufnehmen wollte, die Halle verlassen und in die Bundesrepublik übergesiedelt waren, die mit ihrem Wirken jedoch entscheidend zum Ausbilden künstlerischer Eigenart in Halle (S.) beitrugen.

13 Um das Hinhalten der Ausstellungsgenehmigung durch den Rat der Stadt zu umgehen war von der Museumsleitung eine Verbindung der Personalausstellung Marx mit einer eben solchen von Albert Ebert vorgeschlagen worden.

14 Inzwischen war für die bereits im Vorjahr geplant gewesene Personalausstellung mit Werken von Carl Marx vom Rat der Stadt Halle (S.) ein neuer Terminvorschlag gebilligt worden.

15 Anspielung darauf, daß seinerzeit die vom Verband Bildender Künstler der DDR herausgegebene Zeitschrift von einer Chefredakteurin geleitet wurde.

16 Marx bezieht sich auf das Manuskript zu dem in Heft 3/1972 der Zeitschrift „Bildende Kunst" über ihn veröffentlichten Artikel „Heitere Farbigkeit".

17 Inzwischen war die Personalausstellung Marx erneut in Frage gestellt.

18 Dieses Vorwort war vom Empfänger dieser Briefe noch vor seinem Ausscheiden aus dem Amt als Direktor der Staatlichen Galerie Moritzburg verfaßt worden.

19 Das Paar. 1974. Halle (S.), Rat der Stadt. Es war vorgeschlagen, für die Leipziger Stadtansicht hinter dem Paar eine entgegengesetzte, dabei mehr Grün ermöglichende Perspektive zu wählen.

20 Als Prämie enthielt der Brief einen Geldschein. Ihn an C. Marx zurück zu geben kostete Mühe. Der Vorgang aber war, wie noch weitere, für C. Marx charakteristisch. Er wollte niemandem etwas schulden.

21 Um die nach dem erwähnten Vorschlag zu malende Umwelt für „Das Paar" zu studieren, dabei viel Natur als Kontrast zur bebauten Stadtlandschaft ins Bild zu bekommen, suchte C. M. den Leipziger Clara-Zetkin-Park auf, von wo aus sich ein Blick zum Universitäts-Hochhaus öffnete.

22 Das Gemälde „Weltalltaxi Himmelhund nimmt Planetenpräsidentin an Bord", 1974, war zur Publikation in dem von Wolfgang Hütt verfaßten Kunstbuch „Schwinge, Propeller, Raketenmotor", Leipzig 1977, (span.) Havanna 1979, (ung.) Budapest 1983, unter dem Titel „Vom Fliegen", Frankfurt a. M. 1977 vorgesehen und dann auch veröffentlicht.

23 Dazu der Hinweis in Anmerkung 5. Weil das dort erwähnte tendenziöse Buch im Henschelverlag erschienen war, hegte Marx jenem gegenüber Mißtrauen, obwohl dort die Lektorinnen und Lektoren inzwischen jung, gut ausgebildet und weitgehend undoktrinär waren.

24 Die Eröffnung der Bezirkskunstausstellung 1974 des Verbandes Bildender Künstler der DDR fand im Rundsaal der halleschen Moritzburg statt. Die für die Anwesenheit von Mitgliedern des Politbüros der SED üblichen Sicherheitsmaßnahmen – Werner Felfe, der 1., Sekretär der SED-Bezirksleitung, war Kandidat des Politbüros – gestatteten es den zur Eröffnung anwesenden Künstlern und Gästen erst nach dem Rundgang der politischen Führungsspitze, in die Ausstellungsräume einzutreten. Allgemein verärgert wartete man auf dem herbstkalten Hof der Moritzburg. Daß C. Marx dieses Ritual durchbrach, trug damals zu einer mit Genugtuung aufgenommenen Belustigung bei. C. M erwähnt den seine Macht unkonventioneller gebrauchenden Horst Sindermann deshalb, weil die hallesche Künstlerschaft zu dessen Amtszeit als SED-Chef im Bezirk Halle (S.) Ähnliches nicht erlebte.

25 Marx hatte den Band „Wir unsere Zeit. Künstler der DDR in ihren Selbstbildnissen", Berlin 1974, zugesendet bekommen, was ihm ein Anstoß war, über ein eigenes Selbstbildnis nachzudenken.

26 Herta Günther: Selbstporträt mit Maske, 1972, Farbradierung; Selbstporträt in der Badewanne, malend. 1970. Farbradierung.

27 Besprechung der Bezirks-Kunstausstellung in Heft 12/1974 der Zeitschrift „Bildende Kunst".

28 Die Düsseldorfer Malerschule 1819–1869, Leipzig 1964, 3. Aufl. Leipzig 1995

29 Nahe dem Dessauer Ortsteil Konitz gelegen, erbaut 1774–78 von Friedrich Wilhelm von Erdmannsdorff.

30 Marx malte kleine Parkansichten, wie sie sich ihm beim Blick durch die Fenster des Schlosses Luisium boten, mehrfarbig auf das Vitrinenglas, zog hiervon je einen Abdruck auf Karton, sogenannte Monotypien. Dank ihrer Technik sind diese Blätter seltene Ausnahmen in seinem Werk.

31 Vom Umgang mit der Kunst. Taschenbuch der Künste, Berlin 1974

32 Nicolas Poussin: Das Reich der Flora, um 1630, Dresden, Gemäldegalerie Alte Meister.

33 „Greenwod-Combo" (1975) u. „Garten der Lüste" (1973), abgebildet in: Marx. Maler und Werk. Dresden 1978

34 Der Freudenausbruch bezieht sich auf die Ankündigung des Heftes über C. Marx in der Reihe „Maler und Werk" des Verlages der Kunst Dresden.

35 So wurde, mit ironischem Unterton, in der DDR oftmals die Sowjet-Union genannt. An dieser Stelle aber ist das Hinschielen baschkirischer Künstler nach Moskau und zu der dort gefeierten Staatskunst gemeint.

36 Angesprochen ist der Termin für einen Atelierbesuch als Vorbereitung auf die Arbeit für das Heft der Reihe „Maler und Werk".

37 Es charakterisiert den Maler, daß er für die Taxigebühren zur Fahrt von Halle nach Dessau aufkommen wollte, weil er W. Hütt vorübergehend unmotorisiert wähnte.

38 Bezieht sich auf den lautstarken Heckmotor des aus der UdSSR importierten Kleinwagens „Saporoshez".

39 Angeforderte Texte für das von W. H. in der Reihe „Maler und Werk" geplante Heft.

40 Gemeint sind die Druckvorlagen für Abbildungen in dem Heft der Reihe „Maler und Werk".

41 Es amüsierte Marx, gegen alle in der DDR geltenden Tabus das Bild einer berühmten bundesdeutschen Zirkusfamilie gemalt zu haben.

42 Das Manuskript zum Heft über C. M. in der Reihe „Maler und Werk".

43 Die Teilnahme an Ausstellungen im Ausland hing in der DDR nicht allein von persönlichen Wünschen der Künstler und an sie heran getragenen Angeboten ab, sondern von der Einwilligung des dann auch veranstaltenden und dem Ministerium für Kultur unterstellten „Zentrum für Kunstausstellung" in Berlin.

44 C. M. und W. H. feierten zum gleichen Datum ihre Geburtstage. Marx registrierte seinen Geburtstag kaum, oder aber er verließ das Haus, um ungebetenen Gästen auszuweichen.

45 Das erwähnte Buch des Indologen Heinz Mode erschien mit einer farbigen Abbildung des Gemäldes „Backfisch-Aquarium" (1964) von C. M. im Verlag Edition Leipzig.

46 „Dreißig siegreiche Jahre". Ausstellung mit 1200 Werken von Künstlern aus 10 Ländern des Ostblocks.

47 Nach dem Putsch des chilenischen Militärs 1973 gegen die Unidad Popular und den Präsidenten Salvador Allende lebten in Ostberlin wie in anderen Städten und Orten der DDR zahlreiche Emigranten aus dem südamerikanischen Andenstaat.

48 Ein am Marktplatz von Halle (S.) gelegenes Renaissancegebäude, seit den sechziger Jahren und bis zum Ende der DDR Sitz der Künstlerverbände des Bezirks, mit verbandseigenen Ausstellungsräumen im Erdgeschoß.

49 Tageszeitung, Organ der SED-Bezirksleitung Halle (S.)

50 „Garten der Lüste". 1973. Abb. In: Carl Marx. Maler und Werk. Dresden 1978

51 Südlich von Dessau gelegenes Strandbad, in dem sich C. M. fast regelmäßig während der Sommertage aufhielt, dennoch in den frühen Morgenstunden und abends malte. Mit dem Genuß von Licht und Luft in dem Strandbad verband er das genüßliche Aufnehmen von Eindrücken und Malmotiven.

52 In Leipzig gab es einen Versandhandel für Künstlerbedarf, in dem Mitglieder des Künstlerverbandes hochwertige und importierte Farben sowie andere Materialien kaufen konnten.

53 C. M. verfaßte seine Briefe üblicher Weise in einer Blockschrift, freilich auch sehr ausgeschrieben. Er nahm damit Rücksicht auf jüngere Briefleser, welche die in seiner Generation noch erlernte Sütterlin-Schrift (er nannte sie deutsch) nicht mehr zu lesen vermochten.

54 Die Ideen des Bauhauses standen der doktrinären Kunsttheorie des SED-Regimes zunächst ebenso entgegen, wie die von den Meistern des Bauhauses geschaffenen Kunstwerke. Mehr und mehr indessen nahmen sich seit dem Anfang der sechziger Jahre in der DDR einzelne Kunsthistoriker und Denkmalpfleger des Bauhauses und

seiner Geschichte an. Das führte zum Wiederherstellen seines Ansehens in der ostdeutschen Öffentlichkeit und zum Restaurieren des Bauwerkes in Dessau. Zu seinem fünfzigjährigen Bestehen, am 4. Dezember 1974, wurde es in annähernd ursprünglicher Gestalt wieder eröffnet, jetzt mit einer Festveranstaltung des Ministerrates der DDR. Auf sie beziehen sich die negativ bewertenden Äußerungen von C. M. Als Reaktion auf diese Veranstaltung entstand das Gemälde „Song vom letzten Bauhausfest", Abb. in: Carl Marx. Maler und Werk. Dresden 1978.

55 DEWAG: Deutsche Werbe Agentur. Volkseigener Dienstleistungsbetrieb.

56 Mitteldeutsche Neueste Nachrichten (Ausgabe Dessau).

57 Barkas, in den VEB Barkas-Werken in Chemnitz (Karl-Marx-Stadt) hergestelltes, als Kastenwagen oder Kleinbus verwendetes Motorfahrzeug.

58 „Der Rettungsschwimmer" 1974, sowie „Suppenholer" , 1946, abgebildet in: Carl Marx, Maler und Werk, Dresden 1979. Das Gemälde „Der Rettungsschwimmer" gelangte in die Kunstsammlung der Universität Leipzig, farbig abgebildet im Kalender „Kunst und Sport", Passage-Verlag Leipzig 1994.

59 Die Sozialkommission des Künstlerverbandes hatte W. H. beauftragt, bei C. M. die Bereitschaft zur Annahme einer Ehrenrente zu erkunden. Marx lehnte das Ansinnen ab, erklärte, seit er male, sei es sein Wunsch und seine Hoffnung gewesen, sich mit seiner Kunst den Lebensunterhalt zu erwerben. Jetzt sei es ihm möglich, weshalb er keine Ehrenrente brauche. Sogar seine ihm zustehende Sozialversicherungsrente nahm er deshalb nicht in Anspruch. Ebenso lehnte er den bei Gelegenheit des erwähnten Besuches vorgetragenen Wunsch ab, ein Gespräch über seine Erlebnisse am Bauhaus in Dessau und Berlin mit dem Tonband aufzunehmen. Er begründet wenig später seine Ablehnung mit dem vorliegenden Brief. Zum Ersatz schickte er die nunmehr in Briefform niedergeschriebenen Erinnerungen.

60 Ausstellungshallen auf der Peißnitzinsel in Halle (S.). Auf der VIII. Kunstausstellung der DDR 1977/78 in Dresden war Marx mit 3 Gemälden vertreten.

61 SA: Sturm-Abteilung. Paramilitärische, zeitweilig kasernierte nationalsozialistische Organisation.

62 Seit dem Jahre 1931 mehrten sich politische Angriffe der Nationalsozialisten auf das Bauhaus. Ihre Mehrheit im Dessauer Stadtparlament konnte im Sommer 1932 ein Schließen des Bauhauses durchsetzen. Mies van der Rohe verlegte daraufhin die Anstalt nach Berlin.

63 1845 von Otto v. Corvin-Wiersbitzki unter dem Titel „Hist. Denkmale d. christl. Fanatismus" verfaßte Schrift, seit 1863 unter dem Titel „Pfaffenspiegel" verbreitet. Einige darin beschriebene Vorgänge hatte die Spielgruppe der Sozialistischen-Arbeiter-Jugend (SAJ) szenisch umgesetzt.

64 Der Lastwagen holte im Auftrag des Berliner Zentrums für Kunstausstellungen den Beitrag des Malers für eine Ausstellung in Gabrovo (Bulgarien) ab.

65 Das Schließen des Bauhauses im April 1933 erfolgte nach einer vorauf gegangenen Hausdurchsuchung. Angesichts der erkennbaren Ausweglosigkeit löste sich danach das Bauhaus am 19. Juli 1933 auf.

66 Am 30. Januar 1933 wurde Adolf Hitler Reichs Kanzler.

67 Siehe Anm. 6.

68 Es gab in der NS-Wehrmacht drei Tauglichkeitsgrade. Gesunde waren „KV"

(Kriegsverwendungsfähig), weniger Gesunde „GvH" (Garnisonsverwendungsfähig), chronisch Kranke oder Schwerverwundete „AvH" (Arbeitsverwendungsfähig Heimat).

69 Auf Grund eines Befehls der Militär-Administration war für die Bauern der sowjetischen Besatzungszone ein Ablieferungssoll eingeführt worden. Was sie über dieses Soll hinaus produzierten, galt als „freie Spitze", konnte von ihnen frei verkauft werden.

70 Unterhaltsame, seit 1953 in Ost-Berlin erscheinende Monatszeitschrift.

71 In Gabrovo fand die Biennale satirischer Kunst statt, von Marx mit Gemälden beschickt.

72 In Verbindung mit der Sporthochschule zu Leipzig veranstaltete Ausstellung „Kunst und Sport".

73 VIII. Kunstausstellung der DDR, Okt. 1977 bis April 1978.

74 Das Gemälde „Der Smaragd", 1975, ist in dem Band „Künstler in Halle" der Reihe „Welt der Kunst", Berlin 1977 farbig abgebildet. Dazu war C. M. vom Berliner Henschelverlag ein Andruck zum Begutachten zugesandt worden, über dessen mangelhafte Farbqualität er sich empörte.

75 Bezieht sich auf das vorangegangene Ablehnen des Abbildungsandruckes zum Gemälde „Der Smaragd".

76 Bauhausgrafik. Ausstellung Dessau vom 17. 12. 1977 bis 26. 3. 1978. Wissenschaftlich-Kulturelles Zentrum Bauhaus Dessau 1977.

77 das bauhaus. Arbeiten der Jahre 1919–33. 39. Verkaufsausstellung 25.9.–27.10.1976, Katalog 3 der Galerie am Sachsenplatz, Leipzig 1976.

78 Ausstellung „Revolution und Realismus – revolutionäre Kunst in Deutschland 1917 – 1933", Nov. 1978 bis Febr. 1979 in Berlin, aus Anlaß des 50. Jahrestages der Gründung der „Assoziation revolutionärer bildender Künstler Deutschlands". Das Blatt „Kurfürstendamm", 1932, Aquarell über Bleistift, ist in der Zs. „Bildende Kunst", Heft 11, Berlin 1986, abgebildet.

79 Kurt Schmidt entwickelte in Gemeinschaft mit anderen Bauhäuslern 1932 das „Mechanische Ballett", eine Umsetzung abstrakter Formen in tänzerische Fantasien.

80 Siehe Anmerkung 22.

81 Wundervogel Garuda, Gestalt der indischen Mythologie, abgebildet in einer Miniatur von Mir Chaud, um 1780.

82 Francesco Guardi: Aufstieg eines Luftballons in Venedig. 1783. Berlin, Staatliche Museen.

83 Ezequiel Negrete: Das Fest am St. Johannistag.

84 Hieronymus Bosch: Versuchung des hl. Antonius. Zw. 1490 u. 1505, Lissabon, Nationalmuseum.

85 Beatfans. 1975. Tuschzeichnung, Abb. in: C. M., Maler u. Werk, Dresden 1978

86 Neumann gab 1985 das Buch „Bauhaus und Bauhäusler" heraus. Darin von C. Marx: „...Ein Augenblick bei Joost Schmidt".

87 Internist, Chefarzt am Kreiskrankenhaus in Merseburg, passionierter Kunstsammler, veranstaltete jährlich zum „Tag des Gesundheitswesens" im Merseburger Kreiskrankenhaus Kunstausstellungen. Marx sollte zu einer Ausstellung seiner Werke dort gewonnen werden.

88 Nachdem C. M. Belegexemplare des Bandes „Künstler in Halle" vom Henschelverlag erhalten hatte, grollte er abermals wegen der schlechten farbigen Abbildung seines Gemäldes „Der Smaragd".

89 „Die Stromschnelle, oder die Süchtigen", Abb. im Katalog 35 „Carl Marx", Galerie am Sachsenplatz, Leipzig 1987.

90 Dachpappe war in der DDR eine Mangelware.

91 An der „documenta 6", 1977 in Kassel, nahmen erstmals Künstler aus der DDR teil. Dieser Ausstellung war der Beitrag „Das ´Einhunderttageereignis´ von Kassel" in der Zs. „Bildende Kunst", Berlin 1977, Heft 22, gewidmet.

92 Johannes Grützke. Werkverzeichnis der Gemälde 1964–77, hrsg. v. E. Schenk zu Schweinsberg u. T. Lehnert, Kunst-Verein. Braunschweig 1977.

93 C. M. beschreibt den Empfang des Heftes über ihn und sein Werk in der Reihe „Maler und Werk".

94 „Katzentheater. 1957. Abb. im Katalog „C. M." Staatliche Galerie Moritzburg. Halle (S.) 1971, in „C. M. Maler u. Werk", Dresden 1978, in Heft 11, Berlin 1983, d. Zs. „Bildende Kunst".

95 „Is was?", schlecht und klein abgebildet im Katalog zur VIII. Kunstausstellung der DDR, Dresden 1978.

96 zur Bezirkskunstausstellung in Halle (S.).

97 Siehe Anm. 89.

98 Bemalter Gips auf gespanntem Draht, sichtbar auf dem Porträtfoto.

99 Gemeint ist der Berliner Alexanderplatz.

100 Adolph Menzel. Graphische Arbeiten. Künstler-Kalender. E. A. Seemann Verlag, Leipzig 1980.

101 Bezirks-Kunstausstellung Halle (S.) 1979.

102 Ausstellungsort der Leipziger Bezirks-Kunstausstellung war das Museum der bildenden Künste, gemeinsam mit dem Dimitroff-Museum im ehemaligen Reichsgericht untergebracht.

103 Mitteldeutsche Neueste Nachrichten, Leipzig.

104 Die Möglichkeit W. Hütts, kunstkritisch für die hallesche Tageszeitung „Freiheit" zu schreiben, war stark eingeschränkt, seit ein für das Ministerium für Staatssicherheit tätiges Mitglied der Parteileitung des halleschen Bezirksverbandes Bildender Künstler im September 1964 Kritik daran übte, „daß die Tageszeitung dem aus der Partei ausgeschlossenen Hütt die Möglichkeit gibt dort Spitzen gegen die Kulturpolitik und den Staatsapparat zu schreiben." (BStU, AIM Halle 939/72 Teil 2, Bd. III, Bl. 145 f.).

105 Bis zum Bau der Ausstellungshalle auf der im Frühjahr stets hochwassergefährdeten halleschen Peißnitzinsel in den sechziger Jahren fanden die Ausstellungen des Künstlerverbandes in der Staatlichen Galerie Moritzburg statt. Dazu mußte dort die ständige Darbietung der eigenen Sammlung geschlossen werden, eine in steter Wiederholung unerträgliche Zumutung.

106 Galerie des Staatlichen Kunsthandels der DDR in Halle (S.).

107 Julius Hay (1900–1975) war wegen Beteiligung am antikommunistischen Aufstand 1956 in Ungarn 1957 zu einer Haftstrafe verurteilt, 1960 begnadigt worden, lebte seit 1965 in der Schweiz. Seine gesellschaftskritischen Bühnenwerke, darunter „Haben", wurden vor 1956 auf zahlreichen DDR-Bühnen

inszeniert. Die Folge zu „Haben" im Jahre 1980 zu zeigen, konnte als provokativ angesehen werden.

108 C. M. sah es als den Charakter des Bauhauses beeinträchtigend an, daß ein Flügel des Bauwerkes als Berufsschule verwendet wurde.

109 Ausstellungsräume in der neuzeitlichen Umbauung des Roten Turmes auf dem Marktplatz von Halle (S.).

111 C. M. hatte das Heft „Carl Crodel. Maler und Werk- Dresden 1981" erhalten.

112 in Berlin.

113 Kurt Bunge war ein Schüler Carl Crodels und dessen Nachfolger im Lehramt an der Kunstschule in der halleschen Burg Giebichenstein. Nach gegen ihn gerichteten kunstpolitischen Angriffen und der eingeleiteten Untersuchung wegen des mit Studierenden unternommenen Besuches einer Jawlenski-Ausstellung in West-Berlin verließ er 1959 Halle, lebte seitdem in Kassel.

114 ehemalige Bauhaus-Mensa, auf die Ausstellung darin zum 70. Geburtstag von C. M. sind die im Brief folgenden Angaben bezogen. Mit „Spitzen-Veteranen" meint Marx die ihm wesentlich erscheinenden Hauptwerke aus früheren Jahren, die für ihn unverkäuflich waren.

115 IX. Kunstausstellung der DDR, Dresden 1982/83. Die Ausstellung sollte programmatisch die Darstellung der Arbeiterklasse als Kernproblem des weiteren künstlerischen Fortschritts dokumentieren.

116 Neuer Marstall am Schloßplatz, Ecke Breite Straße in Berlin, errichtet 1898/1900 von Ernst v. Ihne, anstelle des Alten Marstalls. Im Erdgeschoß des Eingangsflügels fanden Kunstausstellungen statt.

117 Gemeint ist der Artikel: Eine Kunstdiskussion vor 25. Jahren. Bildende Kunst, 11, Berlin 1983, S. 521 ff., ein erster in der DDR unternommener Versuch zur kritischen Auseinandersetzung mit der unseligen Formalismus-Kampagne der Jahrzehnte zwischen 1948 und 1968.

118 Karl Völker hatte vor 1933 zur kommunistische Wochenzeitung „Das Wort" sozial- und gesellschaftskritische Holzschnitte beigetragen. Der Expressivität seiner Malweise wegen und weil er nach 1945 politische Themen weitgehend mied, mußte auch er während der fünfziger Jahre die Formalismus-Schelte über sich ergehen lassen.

119 Zu dem Gemälde Anm. 94, über die Ausstellung, auf die sich die Wochenschau-Aufnahme bezieht, Anm. 7.

120 Werner Steinberg: Bruchstück. Halle (S.) 1983.

121 Zu Beginn der fünfziger Jahre hatte C. M. seinen Lebensunterhalt als Bauhilfsarbeiter verdienen müssen Mit dieser Erfahrung trat er später in Versammlungen des Verbandes Bildender Künstler jenen entgegen, die heroisierende Arbeiterporträts malten.

122 Um 1955/56 in einem Café zu Frankfurt / O. ausgeführt.

123 Die nachfolgenden Äußerungen beziehen sich auf die Kindheits- und Jugenderinnerungen Wolfgang Hütts: Heimfahrt in die Gegenwart. Henschelverlag Berlin 1982. Darin wird vom Vater des Autors berichtet, wie er sich zur Mitgliedschaft in den nationalsozialistischen Sturm-Abteilungen (SA) verleiten ließ, aus nationaler Gesinnung, aber auch, um der Arbeitslosigkeit zu entgehen. Das traf den Antifaschisten Carl Marx an einer verwundbaren Stelle. Als die Aufwallung

des Gefühls verrauscht war, versuchte er das Geäußerte mit dem „Kleinen Nachtrag" abzumildern.

124 Reichsbanner Schwarz-Rot-Gold, sozialdemokratische, zwischen 1924 und 1933 zum Schutz der Weimarer Republik militärisch auftretende Organisation ehemaliger Kriegsteilnehmer.

125 gemeint ist die SA.

126 Die Blätter der Folge „Zirkus für Kinder" (1953) gehören zum Sammlungsbestand „Handzeichnungen der DDR" in der Kunstgalerie Gera, Sammlung der Handzeichnungen, Katalog II, Nr. 109, 110.

127 C. M. bezieht sich noch einmal auf seinen Brief vom 3. 12. 83.

128 Hasenclever, Maler und Werk. Dresden 1983.

129 Gemeint ist Hasenclevers Gemälde: Arbeiter vor dem Magistrat. 1849/50. Kunstmuseum Düsseldorf.

130 Leda mit dem Marabu (1984). Abb. in: Carl Marx. Katalog 35, Galerie am Sachsenplatz, Leipzig 1987.

131 Wildschwein in Aspik (1982). Abb. in: Katalog Bezirks-Kunstausstellung Halle (S.) 1982.

132 Ausstellung „Musik in der Kunst der DDR, 1985 im Alten Museum zu Berlin, danach vom Berliner „Zentrum für Kunstausstellungen" nach Paris vermittelt.

133 Für das Augustheft der Zeitschrift waren mehrere Beiträge über das Dessauer Bauhaus und ein weiterer Beitrag über C. M. im Gespräch. Sie erschienen jedoch erst im Heft 11, dort auch ein Beitrag über Kurt Schmidt, den C. M. im Brief Nr. 37 erwähnt.

134 Bezieht sich auf das Heft 11 der Zeitschrift, darin der Beitrag „Die strafbare Handlung des Bauhäuslers Carl Marx" sowie farb. Reproduktionen der Gemälde „Mann oh Mann ... spotteten die Emanzen" (1985) und „Puschkin und Jelena" (1984).

135 Bezieht sich auf die Porträtfotografie von Walter Danz aus dem Jahre 1971, die dem Beitrag über C. M. in Heft 11/1986 der Zeitschrift „Bildende Kunst" und auch diesem Buch beigegeben wurde.

136 Carl Marx. Malerei und Zeichnungen. Katalog 35. Galerie am Sachsenplatz, Leipzig 1987.

137 X. Kunstausstellung der DDR, Dresden 1987/88. Sie wurde zur letzten Ausstellung ihrer Art in der DDR.

138 Siehe Anmerkung 5.

139 Dieser Lebenslauf, unserer Publikation vorangestellt, folgte handschriftlich mit Datum vom 24. 3. 87.

140 Sonntag. Wochenzeitung des Deutschen Kulturbundes, später des „Kulturbundes der DDR", erschien seit 1945 in Berlin.

141 Inmitten einer Parkanlage am nordwestlichen Stadtrand Dessaus 1780 von Friedrich Wilhelm v. Erdmannsdorff errichtetes Schloß, beherbergt die Gemäldegalerie.

142 Oberon und Titania. 1987. Abb. im Katalog 35, C. M., Galerie am Sachsenplatz, Leipzig 1987.

143 C. M. hatte die Absicht, im September an der Feier zum 70. Geburtstag des halleschen Malers Karl Erich Müller teilzunehmen, doch verwirklichte er diese Absicht nicht.

144 C.M. hatte bereits 1985 ein Gemälde zum gleichen Thema geschaffen, Abb. im Katalog 35, Galerie am Sachsenplatz, Leipzig 1987.

145 Sinfonieorchester des Berliner Rundfunks.

146 Max Ernst: Die Windsbraut. 1926. Basel, Privatbesitz.

147 Siehe dazu Anm. 7 u. 97. „General Atom" war ebenfalls in der umstrittenen Winterausstellung Halle (S.) 1957/58 zu sehen.

148 Poussins Gemälde „Reich der Flora", um 1630, Dresden, Gemäldegalerie Alte Meister, vereint den Gegensatz von Katastrophe und Idylle. Ares – wie Mars in der römischen, ist er in der griechischen Mythologie der Kriegsgott – bei Göttern und Menschen gleich unbeliebt, opfert sich für Flora, die altitalische Göttin der Blumen. Gleich der umworbenen Dame im mittelalterlichen Turnier ihrem Ritter, hält sie Ares den Blumenkranz entgegen.

149 Schloß Georgium in Dessau.

150 Die SED hatte in der DDR fast ausschließlich nur ausgewählte Traditionen der Kommunistischen Partei aus der Zeit vor 1933 erinnert und gepflegt.

151 Dazu der Katalog: Experiment Bauhaus. Das Bauhaus-Archiv Berlin-West zu Gast im Bauhaus Dessau. Ausst. 7. Aug. bis 25. Sept. 1988, Bauhaus Dessau DDR. Berlin-West 1988 Dessau 1988. Das Bauhaus-Archiv wurde 1961 in Darmstadt eröffnet, 1972 nach Berlin-West verlegt.

152 als Manuskript im Bauhaus-Archiv Dessau.

153 750-Jahrfeier der Stadt Berlin, sorgte in der DDR wegen der Konzentration von Finanzmitteln und Arbeitskräften zugunsten Ost-Berlins für Verdruß und war Anlaß für Witze und Satiren.

154 Leopold I., Fürst von Anhalt-Dessau.

155 W. H. war von der Kunstgalerie Gera beauftragt, bei Künstlern des Bezirkes Halle (S.) den Ankauf von Zeichnungen vorzubereiten.

156 Das Paradiesgärtlein. Um 1410. Frankfurt a. M., Städelsches Kunstkabinett. Titelbild zu: Der Drachentöter im Paradiesgärtlein. Der Kinderbuchverlag, Berlin 1984

157 Mit ironischem Unterton DDR-übliche Bezeichnung für Bürger der Sowjet-Union und Angehörige der sowjetischen Besatzungsmacht.

158 Freie Deutsche Jugend. Jugendorganisation der SED.

159 W. Steinberg: Die Mördergrube. Erschienen bei Hoffmann u. Campe in Hamburg

160 Beitrag für den Solidaritäts-Fonds des DDR-Künstlerverbandes.

161 Ludwigshafen war eine Partnerstadt Dessaus, doch gab es für diese Beziehung in der DDR keine Öffentlichkeit. Der Austausch von Ausstellungen fand nach politischen Gesichtspunkten statt und war eine streng protokollarische Angelegenheit.

162 Noch bestanden in der DDR die alten Machtstrukturen. Unter diesen Umständen kam die Forderung von C. M. einer Provokation gleich. Zu der von C.M. ausgelösten Diskussion fand am 26. Januar 1990 im Dessauer Bauhaus die im Brief erwähnte Beratung statt. Hiervon berichtete die Dessauer Ausgabe der Tageszeitung „Freiheit" am 27. 1. 1990 („Wirkt die rote Fahne wie ein rotes Tuch? Kontroverse Diskussion zur Gestaltung des Hauptbahnhofes"). Es kostete die Gesprächsleiterin Mühe, das Temperament C. Ms. zu zügeln, „leidenschaftlich und auch mit heftigen Worten sprach er sich *(...)* gegen das Wandbild und auch gegen die Gesamtgestaltung der Halle aus." Am 14. 2. 1990 zitierten die

„Mitteldeutschen Neuesten Nachrichten" den Maler mit seiner Forderung: „Lange Tiraden über die Erhaltung der Stalin-Architektur sind vertane Zeit. Die Realität verlangt, daß unter diese Ära ein dicker Strich gezogen wird." – Am 7. März 1990 meldete sich in der Dessauer Ausgabe der Mitteldeutschen Neuesten Nachrichten Prof. Hubert Hoffmann aus Graz zu Wort und solidarisierte sich mit C. M.: „Die offene Sprache sollte man ihm nicht verübeln. Ich weiß, wie man den sensiblen Maler behandelt hat – sein Werk verhöhnte *(...)*".

163 Tatsächlich muß das Wandbild Mitte der fünfziger Jahre entstanden sein, zu jener Zeit stand Kothe, Parteisekretär des Künstlerverbandes im Bezirk Halle, auf der Höhe seines politischen Ansehens, ein künstlerisches besaß er nicht.

164 Karl Max Kober: Die Kunst der frühen Jahre 1945–1949. Malerei, Zeichnungen, Grafiken aus der sowjetischen Besatzungszone. Leipzig 1989.

165 Hierzu: W. Hütt. Formalismus, Revisionismus, Diversion. In: Verfemte Formalisten. Kunst aus Halle (Saale) 1945 bis 1963. (Katalog) Kunstverein „Talstraße" e. V., Halle (S.) 1998, S. 135 ff..

166 Von den hochfliegenden Plänen ließ sich das Wenigste noch verwirklichen. Nach freien Volkskammerwahlen am 18. März, nach der Währungsunion mit der Bundesrepublik Deutschland vom 1. Juli, hörte am 7. Oktober 1990 die DDR auf zu existieren. Am 12. Dezember 1990 löste sich auch ihr schon bedeutungslos gewordener Künstlerverband auf.

167 Das in der Bundesrepublik ausgezahlte Begrüßungsgeld für die erstmals nach dem Fall der Mauer in Berlin und dem Öffnen der Grenze zwischen beiden deutschen Staaten einreisenden Bürger aus der DDR.

168 Mitteldeutsche Neueste Nachrichten, Ausgabe Dessau vom 14.2.90, Lokalspitze des Redakteurs Rusch mit Zitaten aus der Zuschrift von C. M. Die öffentliche Diskussion um eine Neugestaltung der Eingangshalle im Dessauer Hauptbahnhof hatte Marx mit einem Beitrag in den Mitteldeutschen Neuesten Nachrichten (Dessau) vom 21. 11. 1989 eingeleitet. Er schrieb: „Der sensible Künstler Lissitzky, der die Klarheit der Wandfläche *(...)* respektiert hätte *(...)* wurde „von den jetzigen Dekorateuren skrupellos vergewaltigt. Alle Wände sind schräg und quer beklebt mit *(...)* gelben Pissoirkacheln. *(...)* Und nun die Parteilichkeit der rechten Wandfläche: Eine große politische Sichtwerbung der fünfziger Jahre *(...)* Der Maler hat 1942 während der Nazizeit denselben Fahnenträger gemalt, nur die roter Fahne war noch mit einem Hakenkreuz versehen *(...)*. Damals war das Wandbild „sogar in der Nazizeitschrift ´Der Goldene Reiter´ (Nr. 3/4, 1939, S. 109) abgedruckt *(...)* Der Maler war nach 1945 ein 200er Stalinist geworden und bekämpfte uns ´Formalisten´! *(...)* Jetzt wurde dieses ´Kunstwerk´ *(...)* zur proletarischen Ikone hochgejubelt und von Funktionären lautstark verteidigt *(...)* Zu allem gab das ´New Bauhaus Dessau´ seinen Segen." – Auf ihrer Versammlung vom 4. 12. 1989 billigten die Dessauer Mitglieder des Verbandes Bildender Künstler die von C. M. geübte Kritik (MNN, Ausg. Dessau, 5. 12. 1989). C. M. meldete sich abermals zu Wort, als Stimmen für den Erhalt des Wandbildes von Kothe als historisches Zeugnis laut wurden. In den Mitteldeutschen Neuesten Nachrichten (Dessau 9. 1. 1990) fragte er: „Sind die Stalinisten, diese Spezialisten der Verharmlosung wieder am Zuge?" In der Dessauer Ausgabe der SED-Tageszeitung „Freiheit" (31. 1. 1990) erklärte er: „Es geht nicht um die rote Fahne, die mein Großvater, mein Vater

und ich als Sozialisten verehrt haben. Es geht um die Fahne der SED, auf der geschrieben steht: Intoleranz (leider unsichtbar)." Den Vorwurf der Intoleranz hatte Marx von der Schriftstellerin Helga Königsdorf übernommen, die in der Berliner Tageszeitung „Neues Deutschland" der SED-PDS ins Stammbuch schrieb: „Es ist für unsere Partei außerordentlich wichtig ... Intoleranz aufzugeben." Eben diesen Satz vermißte C. M. in den Zitaten aus seiner Zuschrift an die Redaktion der „Freiheit".

169 die in Köln lebende ehemalige Dessauerin Elisabeth Strahler, eine Schülerin von C. M.

170 Zu den Eigentümlichkeiten des Junggesellen C. M. gehörte, daß an seiner Haustür fast regelmäßig ein Schild seine Abwesenheit anzeigte, damit er ungestört blieb. In der Regel war dann zu lesen: „Bin in Halle" oder „Bin in Leipzig".

171 So äußerte sich Baselitz in einem von der Zeitschrift „art" (1990, H. 6, S. 70) veröffentlichten Interview.

172 Sicherheitspolizei, die Bereitschaftspolizei vor 1933.

173 Seine Sozialrente stand C. M. seit bereits 14 Jahren zu

174 Hier scheint die Quellenangabe im Brief unzuverlässig zu sein. Der angegebene Buchtitel läßt sich nicht belegen.

Literatur

22 berliner Bauhäusler stellen aus. (Katalog) Bezirksamt Neukölln, Berlin 1951.

Nowak, Bernhard: Tänzerinnen und Artisten. In: Das Magazin, Berlin 1958, Heft 2.

Carl Marx: Gemälde, Zeichnungen, Keramik, Hinterglasmalerei. (Katalog) Ausst. Vom 31. Aug. bis 3. Okt. 1971. Staatliche Galerie Moritzburg, Halle (S.) 1971.

Hütt, Wolfgang: Heitere Farbigkeit. Zum Werk des Dessauer Malers Carl Marx. In: Bildende Kunst, Berlin 1972, Heft 3.
Hütt, Wolfgang: Marx. Maler und Werk. Dresden 1978.

Marx, Carl: Kindheitserinnerungen um 1921. In: Dessauer Kalender, Jg. 27, Dessau 1983.

Marx, Carl: Ein Augenblick bei Joost Schmidt. In: Eckard Neumann: Bauhaus und Bauhäusler. Köln 1985.

Neumann, Eckardt: Carl Marx. In: Bauhaus und Bauhäusler. Köln 1985.

Hütt, Wolfgang: Die strafbare Handlung des Bauhäuslers Carl Marx. in: Bildende Kunst, Berlin 1986, Heft 11.

Carl Marx. Malerei und Zeichnungen. Katalog 35 der Galerie am Sachsenplatz, Leipzig 1987 (darin: W. Hütt: Carl Marx, ein alter Kerl, aber malt wie ein ganz junger. Über Leben und Werk, mehr noch von Persönlichkeit und Wollen, nach Briefzitaten.).

Thöner:Wolfgang: 1945 ging erneut das Licht und das Herz auf ... – Über den Neuanfang des Malers Carl Marx in den Jahren 1945–1947. In: ...Das Bauhaus zerstört 1945. ... 1947 das Bauhaus stört. Hrsg. Stiftung Bauhaus Dessau. Dessau 1996, S. 52–62.

Personenregister

Achtzehnter Band der Edition STEKO

Für das freundliche Beantworten von
Anfragen danke ich der Stiftung Bauhaus Dessau
sowie dem Stadtarchiv Dessau,
für das Mitlesen von Korrekturen
meiner Lebensgefährtin Ruth Hankel.
Wolfgang Hütt Halle (S.), im Mai 2002

Marx, Carl:
Ergötzliche Briefe des Dessauer Malers Carl Marx an Wolfgang Hütt / mit
einem Geleitw. von Wolfgang Thöner. Eingeleitet und kommentiert von
Wolfgang
Hütt. - Halle an der Saale : Stekovics, 2002
(Edition Steko ; 18)
ISBN 3-89923-012-4

Die Briefe von Carl Marx an Wolfgang Hütt
wurden eigens für diese Publikation ausgewählt
und kommentiert. Wolfgang Hütt stellte die
Umschlagzeichnung von Carl Marx zur Verfügung.
Fotografie: Walter Danz.
Die Gestaltung der Reihe liegt in den Händen
von Andreas Richter, Dobis.
Herausgeber der Edition Steko ist Roland Rittig.

Verlag Janos Stekovics
Halle an der Saale
ISBN 3-89923-012-4